Dr. sc. nat. Reinhard Piechocki

Das berühmteste Bakterium

100 Jahre Escherichia-coli-Forschung

Urania-Verlag Leipzig · Jena · Berlin

Piechocki, Reinhard:
Das berühmteste Bakterium : 100 Jahre Esche-
richia-coli-Forschung / Reinhard Piechocki.
Zeichn.: Heinz Kutschke ; Peter Sebastian
Friedl . – 1. Aufl. – Leipzig ; Jena ; Ber-
lin : Urania-Verlag, 1989. – 144 S. : 41 Ill.
(Wir und die Natur)
NE: GT   ISBN 3-332-00278-3

ISBN 3-332-00278-3

1. Auflage 1989
Alle Rechte vorbehalten
© Urania-Verlag Leipzig · Jena · Berlin,
Verlag für populärwissenschaftliche Literatur, Leipzig
VLN 212-475/24/89 · LSV 132 9
Lektor: Bernd Scheiba
Zeichnungen: Heinz Kutschke/Peter Sebastian Friedl
Typographie: Marion Krahmer
Printed in the German Democratic Republic
Satz und Druck: Gutenberg Buchdruckerei und Verlagsanstalt Weimar,
Betrieb der VOB Aufwärts
Buchbinderei: VOB Buchkunst Leipzig
Best.-Nr.: 654 278 8
00780

Inhalt

Das bestanalysierte Lebewesen

Wieso wurde gerade das harmlose und völlig unscheinbare Darm-
bakterium *Escherichia coli* zum molekular am besten verstandenen
Lebewesen? Wodurch ist es möglich geworden, daß bei diesem
biologischen Objekt heute alle fundamentalen Vorgänge des Lebens bis ins molekulare Detail beschrieben werden können, obwohl eine solche Bakterienzelle mit bloßen Augen gar nicht zu
sehen ist?

War es Zufall, daß *Escherichia coli* und die *E.-coli*-Viren, die
man als Bakteriophagen bezeichnet, zu den »Haustieren« der
Molekulargenetik geworden sind?

Fakt ist, daß *Escherichia coli* heute zum biologischen Objekt
der Superlative geworden ist: von keiner anderen biologischen
Art sind bisher so viele Gene identifiziert und charakterisiert worden wie bei diesem Bakterium. Mehr als zehn Wissenschaftler
erhielten bereits den Nobelpreis für fundamentale Erkenntnisse,
die durch Forschungen an *Escherichia coli* gewonnen wurden.
Hierzu gehören u. a. J. Lederberg, F. Jacob, J. Monod, A. Lwoff,
A. Kornberg, M. Delbrück, A. D. Hershey, S. E. Luria und W.
Arber. Nach vorsichtigen Schätzungen sind in den vergangenen
40 Jahren mehrere Milliarden Dollar investiert worden, um *Escherichia coli* die Geheimisse des Lebens zu entreißen. Seit Mitte der
70er Jahre hat *Escherichia coli* sogar weltweite Berühmtheit er-
langt, weil es durch die überraschende und explosive Geburt der
Gentechnologie möglich geworden ist, jedes beliebige Gen – sei
es von einem Virus oder aus dem Menschen – in *E.-coli*-Zellen
zu verpflanzen, so daß dieses Bakterium zur biotechnologischen
Fabrik wird und fremde Substanzen in großen Mengen produziert.

All dies ist das Ergebnis einer der größten wissenschaftlichen

Revolutionen, seit die Menschen Wissenschaft betreiben. Obwohl in unserem Jahrhundert in nahezu jedem Zweig der Naturwissenschaften große Entdeckungen gemacht wurden, überragen zwei wissenschaftliche Revolutionen alle anderen Umwälzungen und haben mit ihren neuen Ideen unser Weltbild ungemein erweitert und verändert. Die erste Revolution ereignete sich bereits zu Beginn des Jahrhunderts in der Physik mit der Entwicklung der Relativitätstheorie und Quantenmechanik. Jedem Schulkind sind heute Namen wie Einstein, Planck und Heisenberg vertraut. Eine kaum noch zu übersehende Fülle von Büchern, Biographien und Autobiographien berichten über die Entdeckungen und die Entdecker.

Die zweite Revolution nahm ihren Anfang erst Ende der dreißiger Jahre und führte zur Entwicklung der Mikrobengenetik, die den Weg zur Molekularbiologie eröffnete und schließlich zur Entstehung der Gentechnologie geführt hat. Dadurch haben alle biologischen und medizinischen Disziplinen ein molekulares Fundament erhalten. Jeder Laie weiß heute von den Diskussionen um die Möglichkeiten und Gefahren der Gentechnologie, doch wenig ist allgemein bekannt über die Persönlichkeiten, die durch ihre fundamentalen Erkenntnisse den Weg hin zur Molekularbiologie eröffnet haben. Der äußere Anlaß für dieses Buch ist der hundertste Geburtstag von *Escherichia coli*, das im Jahre 1887 von dem deutschen Kinderarzt Theodor Escherich entdeckt worden ist. Sicher wäre der Versuch zu schildern, wie in *E. coli* die fundamentalen Vorgänge des Lebens funktionieren, ein überaus lohnendes Unternehmen, denn nirgendwo sind sie besser untersucht als bei diesem winzigen Bakterium. Doch wird bei solchen Schilderungen meist nicht sichtbar, wie die Wissenschaftler mit Begeisterung, ja oft mit Besessenheit ihre Experimente planten und durchführten, wiederholten, auswerteten und diskutierten.

Fast nichts läßt sich von der oft eigenwilligen Persönlichkeit bedeutender Wissenschaftler erkennen, wenn man ihre Arbeiten liest. Wissenschaftliche Publikationen sind in ihrer Form heute stets sachlich, knapp, ohne irgendwelche Spekulationen. Kaum etwas wird deutlich von dem oft aufwendigen Ringen um die Erkenntnis. Nichts wird sichtbar von der unbändigen Freude und dem Stolz, ein Rätsel gelöst zu haben.

Aus diesen Gründen ist für die Darstellung fundamentaler Lebensprozesse in diesem Buch eine recht eigenwillige Form entwickelt worden: Nach oft jahrelangem Ringen und einer Unzahl experimenteller Arbeiten und Diskussionen kumulieren – und dieses ist in der normalen Wissenschaft ein extrem seltenes Ereignis – die Anstrengungen in der Durchführung eines Schlüssel-experimentes, dessen frappierendes Ergebnis schlagartig Licht auf ein zuvor schier unlösbar erscheinendes Problem warf. Solche in ihrer Bedeutung für die Geschichte der Genetik überragenden Experimente sollen in diesem Buch geschildert werden, so daß auch für die Studenten sowie die interessierten Laien die oft ver-wirrend und kompliziert erscheinenden Hintergründe sowie die meist ungewöhnliche Persönlichkeitsstruktur der Wissenschaftler verständlich werden. Die Bestätigung, daß gerade solch eine Form der Darstellung ein erfolgversprechender Weg ist, Menschen für das herrliche Abenteuer Wissenschaft zu begeistern, habe ich während meiner zehnjährigen Tätigkeit als Leiter einer Arbeits-gruppe für Bakteriengenetik erhalten. Nicht wenige der in diesem Buch geschilderten bahnbrechenden Entdeckungen sind von mir in der Vorlesungsreihe »Entscheidende genetische Experimente« vorgestellt worden, die jährlich am Wissenschaftsbereich Genetik der Martin-Luther-Universität abgehalten wird. Manche der Schlüsselexperimente, wie z. B. der Fluktuationstest von Delbrück und Luria zum Nachweis des Zufallscharakters spontaner Muta-tionen oder auch das von Lederberg und Tatum durchgeführte Experiment zum Nachweis der bakteriellen Sexualität, sind von den Studenten im Rahmen des Bakteriengenetischen Großprakti-kums selbst durchgeführt worden. Für alle diese Experimente nutzten wir *Escherichia-coli*-Stämme, die mir Max Delbrück im Jahre 1977 in einer generösen und amüsanten Weise übereignete. Delbrück hatte 1945 in Cold Spring Harbor – einem Küstengebiet in der Nähe von New York – den ersten Phagenkurs abgehalten. Dieser jährlich durchgeführte Kurs war für viele Forscher der Einstieg in die Mikrobengenetik, die den Weg hin zur Molekular-biologie eröffnete. Später entwickelte sich aus dem Phagenkurs ein bakteriengenetischer Grundkurs, der jährlich in Cold Spring Har-bor abgehalten wurde. Daraus entstand die »Bibel« der Bak-teriengenetiker: das Praktikumsbuch »Experiments in Molecular Genetics«, das im Jahre 1972 in Cold Spring Harbor von Jeffrey Miller veröffentlicht wurde. Die etwa 100 unterschiedlichen *E.-coli*-Stämme, die man zur Durchführung der 62 beschriebenen Experimente benötigte, kosteten damals jedoch 100 Dollar! Dies war für mich, als ich 1977 den Auftrag vom Leiter des Wissen-schaftsbereiches Genetik, Prof. Dr. Hagemann, erhielt, das Bak-teriengenetische Großpraktikum weiter auszubauen, insofern ein Problem, da die Beantragung und Genehmigung des Geldes Zeit gekostet hätte und wir die Stämme so schnell wie möglich brauch-ten. Nun hatte ich aber als Student das Glück, auf einer Tagung

der in Halle ansässigen Deutschen Akademie der Naturforscher
Leopoldina mit Max Delbrück einmal länger diskutieren zu kön-
en, so daß ich mich kurzerhand entschloß, ihm zu schreiben und
vorzuschlagen, ob er mir nicht im Tausch gegen einige wissenschaftliche Bücher die Stämme überlassen könne. Nach wenigen
Wochen erhielt ich eine Postkarte aus Cold Spring Harbor mit
einem Gedicht von Max Delbrück:

Die Stämme zahlt der Weihnachtsmann
die Bücher kommen später dran.
Viel Glück zum großen Praktikum,
die DNS geht um und um,
ein Gen von hier, ein Gen nach dort,
mein Gott, das Monster läuft schon fort.

Herzlich M. D.

Molekularbiologischer Steckbrief

Nicht selten habe ich in Prüfungen den Studenten die lapidare Frage gestellt, wie groß eine *E.-coli*-Zelle wohl sein mag. Meist konnten die Studenten zwar die molekularen Mechanismen der zentralen Lebensvorgänge exakt beschreiben, hatten jedoch kaum eine Vorstellung von den Dimensionen und Größenordnungen, in denen sich diese Lebensvorgänge ereignen. Dies ist nicht verwunderlich, denn Angaben über Gewicht, Volumen und Dimensionen der *E.-coli*-Zelle entziehen sich unserem Vorstellungsvermögen. Oder vermag sich der Leser vorzustellen, wie winzig das Volumen einer *E.-coli*-Zelle von etwa 10^{-9} Mikroliter ist? Oder wird es etwa verständlicher, wenn man die Aussage macht, daß eine *E.-coli*-Zelle $1 \cdot 10^{-12}$ Gramm wiegt?

Natürlich nicht! Aber mit recht einfachen Vergleichen läßt sich doch eine Vorstellung erreichen von der Winzigkeit und der ungeheuren Komplexität einer Bakterienzelle und ihrer Bestandteile. Ein *E.-coli*-Bakterium hat eine Länge von einem bis zu zwei tausendstel Millimeter, das heißt, man müßte etwa eintausend Bakterien aneinanderlegen, um eine Länge von einem Millimeter zu erreichen. Obwohl die *E.-coli*-Zelle eine längliche Form hat, sie also wesentlich länger als breit und hoch ist, wollen wir der Einfachheit halber annehmen, Länge, Breite und Höhe wären jeweils ein Mikrometer. Es ergäbe sich ein Volumen von einem Kubikmikrometer, so daß in einen Kubikmillimeter theoretisch etwa eine Million Bakterien passen würden! Solch eine Zahlenspielerei hat immerhin den Effekt, daß man eine Ahnung von der Winzigkeit der Bakterienzelle bekommt. Beziehen wir in unsere Überlegungen noch das Gewicht von etwa $2 \cdot 10^{-12}$ Gramm ein, so wird deutlich, daß man Hunderte Milliarden Bakterien anzüchten muß, um nur ein Gramm an Bakterienmasse isolieren zu können.

Aber in einer so winzigen Zelle haben z. B. mehr als 2 Millionen Proteine Platz! Diese unvorstellbar große Menge an Proteinmolekülen läßt sich mehr als tausend unterschiedlichen Proteinarten zuordnen, die das komplizierte Netzwerk des Stoffwechsels ermöglichen und die strukturellen Voraussetzungen für die komplizierten Vorgänge des Lebens liefern. Die Anweisung für die Synthese dieser verschiedenen Proteine ist in einem einzigen langkettigen Riesenmolekül niedergeschrieben: dies ist das ringförmig geschlossene Bakterienchromosom, bestehend aus einer DNS-Doppelhelix, die mehr als 3 Millionen Basenpaare umfaßt. Ein Gedankenexperiment ermöglicht uns, eine erste Vorstellung von der ungeheuren strukturellen und funktionellen Komplexität zu erhalten: Vergrößert man ein *E.-coli*-Bakterium 10 000fach, so entsteht eine Zelle von der Größe einer Eichel (Abb. 1). Bricht man diese Zelle vorsichtig auf, so daß das Bakterienchromosom unbeschädigt bleibt, so quillt ein wollknäuelartiger Faden heraus, der 14 Meter lang ist! Das Bakteriumchromosom ist ausgestreckt etwa tausendmal so lang wie der Durchmesser der Bakterienzelle! Ich überlasse es dem Leser, sich vorzustellen, wie kompliziert solch ein Chromosom verpackt sein muß, um auch noch funktionieren zu können. Das »Funktionieren« umfaßt eine zweifache Aktivität: zum einen muß die genetische Information der einzelnen Gene je nach Bedarf realisiert werden, d. h., es erfolgt eine Umsetzung der eindimensional strukturierten genetischen Information in die dreidimensionale Information, die in einem Protein enthalten ist. Es gehört ja heute zum Schulbuchwissen, daß jedes Gen ein spezifisches Protein codiert und die Realisierung der genetischen Information ein Zweischrittmechanismus ist: bei Bedarf wird die genetische Information in eine RNS-Kopie umgeschrieben. Dieses kurzlebige RNS-Molekül enthält alle Anweisungen für die Synthese eines spezifischen Proteins an den Ribosomen, den strukturellen Gebilden, an denen in der Zelle Eiweißmoleküle synthetisiert werden. Neben der ständigen Realisierung der genetischen Information muß sich das Bakterienchromosom aber auch noch verdoppeln, damit es bei der Zellteilung auf die sich neu bildenden Zellen übertragen werden kann. Unter optimalen Bedingungen teilt sich eine *E.-coli*-Zelle alle 20 Minuten, so daß die Verdopplung der genetischen Information mit nahezu atemberaubender Geschwindigkeit erfolgt: etwa 1 000 DNS-Buchstaben können in der Sekunde kopiert, d. h. verdoppelt werden!

In Abb. 1 sind noch zwei weitere, wesentlich kleinere kreisförmige Ringe gezeichnet, die Plasmide unterschiedlicher Größe ver-

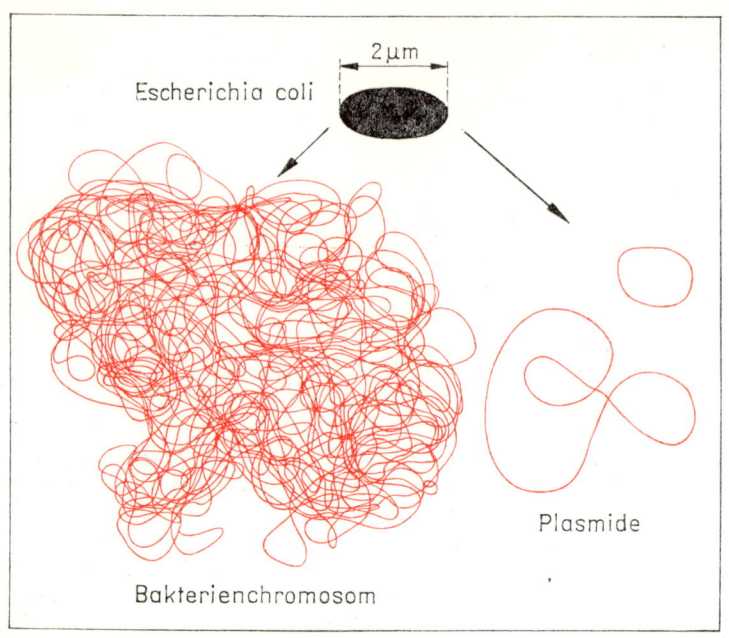

Abb. 1 Zehntausendfache Vergrößerung einer Escherichia-coli-Zelle und ihres genetischen Materials
Der ringförmig geschlossene 14 m lange Faden soll das Bakterienchromosom darstellen, das in der einen groß gezeichneten Bakterienzelle verpackt vorliegt. Rechts daneben zwei Plasmide (Zusatzchromosomen) unterschiedlicher Größe.

anschaulichen sollen. Plasmide sind Zusatzchromosomen der Bakterienzelle, die zwar nicht essentiell sind für das normale Leben der Bakterienzelle, ihr aber unter bestimmten Umweltbedingungen einen extremen Selektionsvorteil bringen. Sie codieren zusätzliche genetische Information für den Abbau seltener Stoffe oder für die Resistenz gegenüber der tödlichen Wirkung von Antibiotika. Wie fundamental die Unterschiede zwischen lebender und lebloser Materie sind, das weiß jeder Laie aus eigenen Beobachtungen und Erfahrungen. Weniger vertraut dürfte ihm jedoch die Tatsache sein, daß sich lebende und leblose Materie auch in ihrer chemischen Zusammensetzung drastisch unterscheiden. Über 99 % des Gewichtes einer lebenden Zelle werden durch die sechs chemischen Elemente Kohlenstoff, Wasserstoff, Stickstoff, Sauerstoff, Phosphor und Schwefel bestimmt. Diese sechs Elemente kommen natürlich

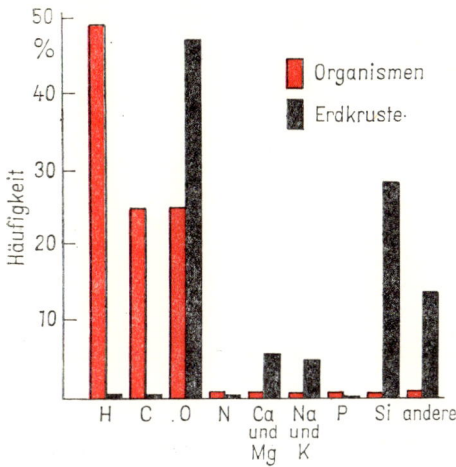

Abb. 2 Relative Häufigkeit chemischer Elemente in lebenden Organismen im Vergleich zur Erdkruste

auch in der unbelebten Materie vor, doch wie drastisch die Unterschiede in den Anteilen der verschiedenen Elemente sind, veranschaulicht uns die Abb. 2. Die Tatsache, daß Wasser 70 % des Gewichtes einer lebenden Zelle ausmacht und die meisten biochemischen Reaktionen in der Zelle im wäßrigen Milieu stattfinden, spiegelt wider, daß das Leben auf unserer Erde im Ozean begann. Die Bedingungen in der Frühzeit der Evolution vor mehr als 3 Milliarden Jahren haben der Chemie lebender Systeme ihren unverkennbaren Stempel aufgedrückt. Lassen wir das Wasser einmal unberücksichtigt, so zeigt sich, daß nahezu alle Moleküle in der lebenden Zelle Kohlenstoffverbindungen sind. Das hat seinen ganz besonderen Grund, denn Kohlenstoff hat eine einzigartige Eigenschaft: Kohlenstoff vermag, vier streng kovalente Bindungen mit anderen Atomen auszubilden. Dadurch können kettenförmige oder auch ringförmige Moleküle von unbegrenzter Vielfalt entstehen. Aber auch die anderen häufigen Atome in der lebenden Zelle sind klein und in der Lage, streng kovalente Bindungen einzugehen. Kovalente Bindungen zwischen Kohlenstoffatomen und den anderen chemischen Elementen – dies ist die Grundlage für die Entstehung einer astronomisch großen Zahl unterschiedlicher Moleküle. Schaut man sich die Moleküle in einer lebenden Zelle genauer an, so erkennt man schnell, daß eigentlich nur vier Grundtypen kleiner Moleküle dominieren, aus denen

11

Tabelle 1   Chemische Zusammensetzung einer Bakterienzelle

	Prozent des Totalgewichts	Zahl unterschiedlicher Molekülarten
Wasser	70	1
anorganische Ionen	1	20
Zucker und Vorstufen	3	200
Aminosäuren und Vorstufen	0,4	100
Nukleotide und Vorstufen	0,4	200
Lipide und Vorstufen	2	50
andere kleine Moleküle	0,2	ca. 200
Makromoleküle (Proteine, Nukleinsäuren und Polysaccharide)	22	ca. 5 000

die für Lebewesen charakteristischen Riesenmoleküle zusammengesetzt sind: dies sind die Zucker, die Fettsäuren, die Aminosäuren und die Nukleotide. Innerhalb dieser vier chemischen Gruppen gibt es aber eine Vielzahl verschiedener Molekülarten (Tab. 1).

So unterschiedlich die Lebewesen in Form und Funktion auch sind, in den Zellen aller Lebewesen findet man immer wieder diese vier chemischen Stoffklassen. Die Erklärung hierfür liegt in der Tatsache, daß alle Lebewesen ein einheitliches chemisches Informationssystem benutzen. Genauer betrachtet benutzen alle Lebewesen zwei einheitliche Sprachen: die Sprache der Nukleinsäuren, die, einem einheitlichen Code folgend, in eine zweite Sprache übersetzt wird. Dies ist die Sprache der Proteine. Um die Einheitlichkeit dieses biochemischen Grundplanes zu verstehen, sollte man sich die lebende Zelle als eine ungemein komplizierte und äußerst effektiv arbeitende chemische Fabrik vorstellen (Abb. 3). Die Energie für die Abläufe in dieser Fabrik wird durch die Aufnahme und den Umbau von Nahrung gewonnen. Als Nahrung dominieren vor allem die energiereichen Zucker, aber als Alternative können auch Lipide genutzt werden. Diese Nahrung wird zum einen zur Energieerzeugung abgebaut und zum anderen Teil in essentielle Bauelemente wie die Aminosäuren und Nukleotide umgebaut. Die winzigen biochemischen Moleküle sind die Grundbausteine, die kettenartig miteinander verknüpft werden und so die lebenswichtigen Makromoleküle bilden. Ein Blick in Tabelle 1 macht sofort deutlich, daß diese Makromoleküle die absolut dominierenden Bestandteile der lebenden Zelle sind.

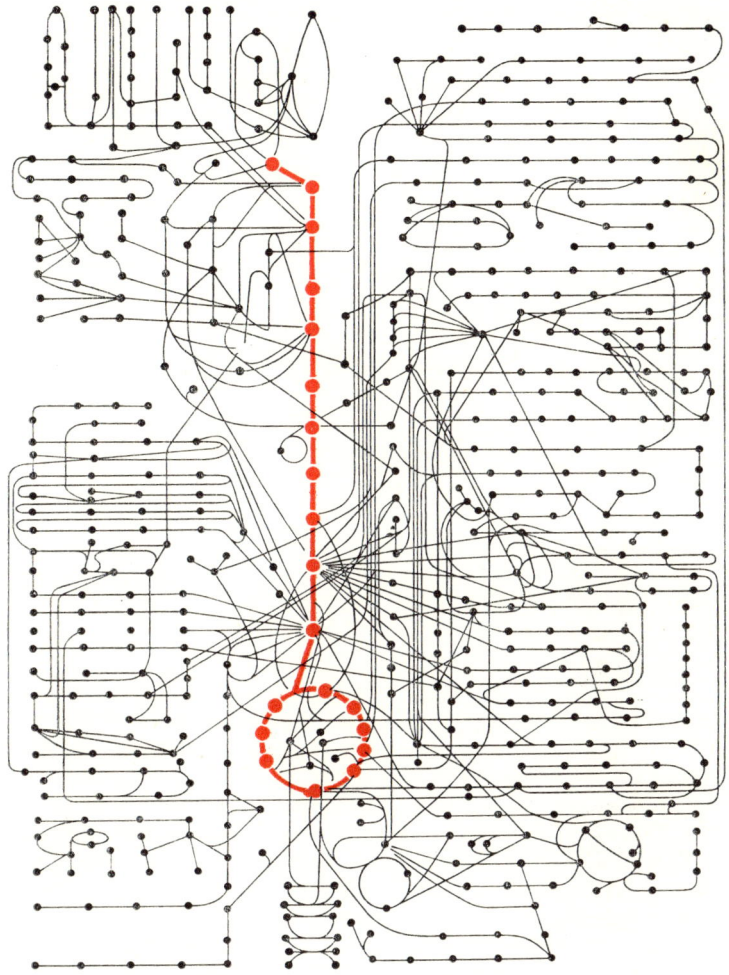

Abb. 3   Schematische Darstellung der chemischen Reaktionen in einer Zelle, wodurch kleine Moleküle (z. B. Aminosäuren, Zucker, Nukleotide) auf-, ab- und umgebaut werden

Die Punkte symbolisieren die kleinen Moleküle, die sie verbindenden Striche sollen die durch Enzyme bewerkstelligten Reaktionen veranschaulichen. Rot hervorgehoben sind die Hauptschritte der Energiegewinnung durch den Abbau von Glucose.

Tabelle 2   Gewichtsanteile der unterschiedlichen Molekülklassen einer
E.-coli-Zelle

Proteine	Anteil am Trocken- gewicht (%)	Moleküle pro Zelle	Anzahl unter- schiedlicher Molekülarten
Proteine	55	2 350 000	1 850
RNS	20,5		
ribosomale RNS		56 000	3
Transfer RNS		198 000	60
Messenger RNS		1 380	600
DNS	3,1	2	1
Lipide	9,1	22 000 000	
Lipopolysaccharide	3,4	1 430 000	1
Mureinsacculus	2,5	1	1
Glykogen		4 300	1
Polyamine	0,4	6 700 000	2
Metabolite, Kofaktoren, Ionen	3,5		800

Diese Durchschnittswerte sind für *E.-coli*-Zellen errechnet worden, die bei 37 °C in Minimalmedium wuchsen, wobei die Verdopplungszeit 40 Minuten betrug. Die durchschnittliche Zelle wird definiert, indem man die totale Zellmasse durch die Anzahl der Bakterien in einer Population teilt.

Da die Makromoleküle mengenmäßig derartig dominierend in der lebenden Zelle sind, sollten wir uns nicht mit dem in Tabelle 1 angegebenen Fakt begnügen, daß sie zusammengenommen 22 % des Totalgewichtes ausmachen. Stellen wir deshalb eine präzisere Frage: Wie häufig sind die unterschiedlichen Klassen von Makromolekülen in einer Zelle und wieviel unterschiedliche Arten gibt es innerhalb der einzelnen Molekülklassen? Die Antwort ist verblüffend – auch wenn das sicher nicht gleich beim ersten Blick auf Tabelle 2 deutlich wird. Der Leser, der bisher noch weniger vertraut ist mit den fundamentalen Vorgängen in einer lebenden Zelle, mag über die eigenwilligen Zahlenverhältnisse erstaunt sein. Da gibt es in einer einzigen *E.-coli*-Zelle fast 2 000 unterschiedliche Proteinarten. Jede einzelne Proteinart kommt in der erforderlichen Kopienzahl vor; es befinden sich in einer »Durchschnittszelle« insgesamt über 2 Millionen einzelne Proteine!

Wie unterschiedlich die Innenwelt der Zelle im Vergleich zur umgebenden leblosen Außenwelt sein muß, läßt sich bereits aus der Abb. 2 über die Zusammensetzung lebender und lebloser

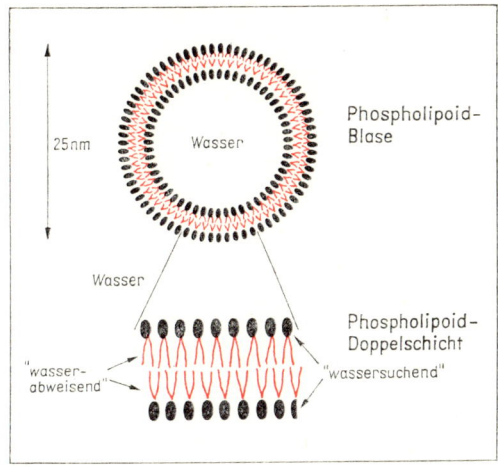

Innerhalb der Grafik:
25nm · Wasser · Phospholipoid-Blase
Wasser
"wasser-abweisend" · "wassersuchend" · Phospholipoid-Doppelschicht

Abb. 4 Chemische Eigenschaften von Phospholipoiden als Grundlage für die Ausbildung von Membranen

Materie erahnen. Die notwendige Barriere zwischen Außenwelt und Innenwelt einer Zelle ist die Membran, ein biologisch hochkomplexes System, das die Konzentrationen von Substanzen innerhalb der Zelle reguliert. Sie ist also weder eine undurchlässige Schranke noch ein Sieb, sondern sie reguliert die Durchlässigkeit, indem spezifische Proteine auf der Membran die Substanzen nach Größe, Form und elektrischer Ladung erkennen und je nach Bedarf Substanzen in die Zelle hinein- oder aus der Zelle herauspumpen. Bedingt durch solche aktiven Pumpen, können lebensnotwendige Substanzen im Innern der Zelle tausendmal stärker konzentriert sein als außerhalb der Zelle. Je nach den Bedürfnissen der Zelle muß sich die Membran in ihrem Aufbau und ihrer Funktion anpassen können. Wie ist solch eine Membran aufgebaut, um diesen Anforderungen genügen zu können? Bei der Betrachtung des Skeletts aller Membranen stoßen wir auf eine Klasse von Molekülen, die man als Phospholipoide bezeichnet. Diese Moleküle sind den gewöhnlichen Fetten verwandt, doch zeichnet sie ein markanter Unterschied aus. Während Fettmoleküle wasserunlöslich sind, haben Phospholipoidmoleküle einen wasserabweisenden »Schwanz«, aber auch einen wassersuchenden »Kopf«. Gießt man eine kleine Menge von Phospholipoiden ins Wasser, so bildet sich auf der Wasseroberfläche eine einmolekulare Schicht, wobei die Moleküle den Kopf ins Wasser und den

Schwanz hinausstecken. Verhindert man die Schichtbildung und schüttelt das Gemisch von Wasser und Phospholipoiden kräftig, so bildet sich eine Phospholipoid-Emulsion, bestehend aus geschlossenen, mit Wasser gefüllten Blasen (Abb. 4). Jede einzelne Blase ist von zwei Molekülschichten umgeben, wobei in der oberen Schicht der Kopf nach außen und in der unteren der Kopf nach innen weist. Die Schwänze der Moleküle sind somit zueinandergekehrt. Diese Doppelschicht ist die Grundstruktur für jede biologische Membran, die durch einzigartige Eigenschaften charakterisiert ist. So schließt sich z. B. eine aufgeplatzte Phospholipoidblase sofort wieder, weil der Öffnungsrand die Tendenz hat, den Zustand minimaler Energie wieder herzustellen, bei dem die fetthaltigen Schwänze gegen das Wasser geschützt sind. Bedingt durch diese markante Eigenschaft kann man lebende Zellen z. B. punktieren, ohne sie abzutöten. Die Phospholipoide sind in der funktionsfähigen biologischen Membran jedoch nur das tragende Element. Der Transport von Substanzen in und aus der Zelle wird durch Proteine bewerkstelligt, die in der Membran verankert sind. So wird allein durch die Betrachtung des Membranaufbaus von den Phospholipoiden zur zweiten Klasse biologisch wichtiger Makromoleküle gestoßen, den Proteinen. Die meisten Proteinarten befinden sich im Inneren der Zelle und üben dort vor allem katalytische Funktionen aus. Auch in einer so winzigen Zelle wie einem *E.-coli*-Bakterium finden ständig Tausende von Reaktionen statt, die außerhalb der Zelle meist gar nicht oder nur unter sehr lebensfeindlichen Bedingungen vom Menschen nachvollzogen werden können, wie z. B. unter hohem Druck, in Gegenwart starker Säuren oder bei extrem hohen Temperaturen. In den lebenden Zellen laufen diese Reaktionen dank der katalytischen Eigenschaften der Proteine sehr leicht und schnell ab. Nahezu jede chemische Reaktion wird von einem spezifischen Protein, das man als Enzym bezeichnet, katalysiert. Proteine haben jedoch nicht nur als Katalysatoren eine überragende Bedeutung, sondern sie wirken auch beim Transport, bei der Fortbewegung sowie der Regulation und vielen weiteren Aktivitäten mit. Die Vielfalt der Proteine sowie ihre hohe Spezifität ist nur zu verstehen, wenn man die molekulare Architektur der Proteine näher betrachtet. Bereits die einfachsten Proteine enthalten tausend bis zweitausend Atome, wobei jedes einzelne Atom einen bestimmten Platz einnimmt, so daß ein hochspezifisches dreidimensionales Gebilde entsteht. Diese komplexe Tertiärstruktur ist ganz entscheidend für die Funktion des jeweiligen Proteins. Wenn man in Wasser gelöste Proteine erwärmt, so lockern sie mit zunehmender Temperatur die Bindungen und zerbrechen schließlich, wodurch die dreidimensionale Struktur, die so wesentlich für die Funktion ist, zerstört wird. Auf der Proteinoberfläche werden dadurch die räumlichen Strukturen verändert, und die Proteine können ihre Funktion nicht mehr ausüben. Wenn sich noch andere Proteinmoleküle in der erhitzten Lösung befinden, verkleben die in ihrer Struktur zerstörten Proteine und gerinnen; auch nach Abkühlung kann die Desorganisation nicht aufgehoben werden. Genau dies läßt sich beobachten, wenn man ein Ei kocht und wieder erkalten läßt.

Aus Tabelle 2 ist zu ersehen: von jeder der fast zweitausend Proteinarten gibt es in einer Zelle viele Kopien. Wie löst die lebende Zelle die scheinbar so schwierige Aufgabe, genaue Kopien von intakten dreidimensionalen Proteinen zu machen? Die Antwort ist recht einfach: Das Protein wird zuerst als eindimensionales Gebilde, d. h. als eine Polypeptidkette, synthetisiert, die sich dann entsprechend der Sequenz von Bausteinen automatisch faltet. Diese wunderbare Selbstorganisation ist bedingt durch eine spezifische Reihenfolge der 20 verschiedenen Aminosäuren, die die Bauelemente der Proteine darstellen (Abb. 5). Diese sind miteinander in einer spezifischen Reihenfolge verknüpft, und die resultierenden Proteine enthalten in der Regel zwischen einhundert bis eintausend solcher Bauelemente.

Für die Spezifität eines Proteins ist die spezifische Sequenz der aneinandergereihten Aminosäuren entscheidend, denn durch die resultierende Faltung erhält jedes Protein gemäß seiner Funktion eine charakteristische Gestalt. Dadurch paßt das entsprechende Substrat zu dem spezifischen Protein wie der Schlüssel zum Schloß. Für Bruchteile von Sekunden bleibt das Substrat gebunden und aktiviert, und eine biochemische Reaktion kann beschleunigt stattfinden. Bereits die Aussage, jede einzelne biochemische Reaktion wird durch ein spezifisches Enzym katalysiert, läßt vermuten, daß es eine ungeheuer große Anzahl unterschiedlicher Proteine geben muß. Mit einer simplen Kalkulation kann man sich schnell verdeutlichen, wieviel denkbar sind. Wir nehmen hierzu an, ein Protein umfasse durchschnittlich 200 Aminosäuren. Für jede einzelne Position gibt es 20 Möglichkeiten der Besetzung mit einer spezifischen Aminosäure. Um die Zahl aller möglichen Sequenzen zu errechnen, muß man lediglich die Zahl dieser Möglichkeiten pro Position 200mal mit sich selbst multiplizieren. Die mathematische Schreibweise hierfür ist 20^{200}. Diese Zahl entspricht 10^{260}, das ist eine Eins mit 260 Nullen! Hierunter kann man sich zwar nichts mehr vorstellen. Bedenkt man aber, daß die Zahl der Atome im Weltall etwa 10^{80} betragen soll, so wird doch zumin-

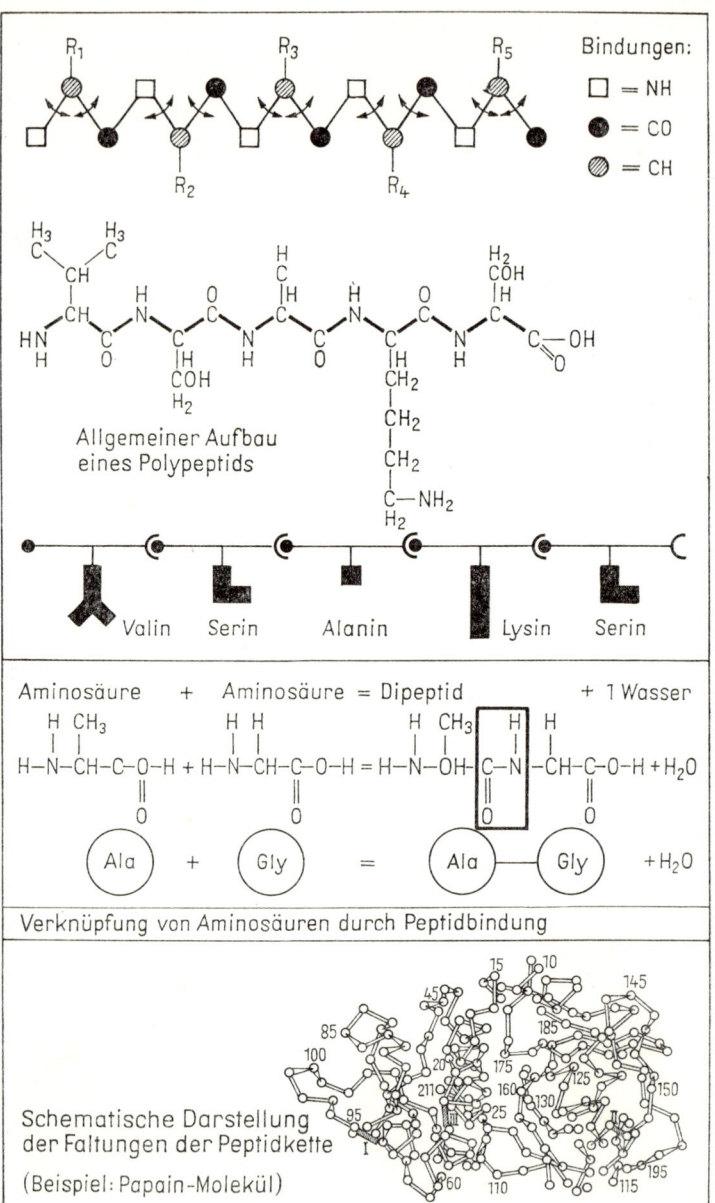

R_1 R_3 R_5 Bindungen:

□ = NH

● = CO

◉ = CH

R_2 R_4

Allgemeiner Aufbau
eines Polypeptids

Valin   Serin   Alanin   Lysin   Serin

Aminosäure   +   Aminosäure = Dipeptid   + 1 Wasser

$$H-N-CH-C-O-H + H-N-CH-C-O-H = H-N-OH-C-N-CH-C-O-H + H_2O$$

Ala   +   Gly   =   Ala — Gly $+ H_2O$

Verknüpfung von Aminosäuren durch Peptidbindung

Schematische Darstellung
der Faltungen der Peptidkette

(Beispiel: Papain-Molekül)

dest deutlich: es gibt eine schier unbegrenzte Zahl möglicher Proteinsequenzen, von denen die Evolution nur einen Bruchteil in den vergangenen 3 Milliarden Jahren realisieren konnte.

Woher kommen die vielen unterschiedlichen Proteinarten in der lebenden Zelle, ohne die die verwirrende Vielzahl biochemischer Reaktionen nicht stattfinden kann? Wie wird erreicht, daß bei einer Zellteilung jede neu entstehende Zelle in ausreichenden Mengen alle erforderlichen Proteine erhält?

Die Erklärung hierfür hängt eng zusammen mit dem größten Molekül, das man in der bakteriellen Zelle findet: dem bakteriellen Chromosom, das einen ringförmig geschlossenen DNS-Doppelstrang darstellt. Mit relativ simplen Methoden kann man eine *E.-coli*-Zelle zum Platzen bringen, aus der dann die DNS herausquillt, einem Wollknäuel vergleichbar. Mit der Abb. 1 wurde versucht, dem Leser einen Eindruck von der Tatsache zu vermitteln, daß die Gesamtlänge des DNS-Moleküls dem Tausendfachen des Zelldurchmessers entspricht! In der intakten Zelle muß das *E.-coli*-Chromosom offensichtlich in einer sehr kompakten, geknäulten Form vorliegen. Es besteht aus insgesamt 3 Millionen Nukleotidpaaren, die in einer linearen Weise aneinandergekettet sind. Die Abb. 6 veranschaulicht die Struktur dieser Elementarbausteine sowie den prinzipiellen Aufbau der DNS. Jedes einzelne Nukleotid ist aus drei unterschiedlichen Komponenten zusammengesetzt: dem Zucker Desoxyribose, der Phosphorsäure und einer DNS-Base (siehe 6 c). In der DNS lassen sich vier unterschiedliche DNS-Basen nachweisen: Adenin, Thymin, Guanin und Cytosin (siehe 6 a). Die einzelnen Nukleotide sind miteinander so verknüpft, daß das aus Zucker- und Phosphatmolekülen bestehende Rückgrat der DNS-Einzelstränge entsteht (siehe 6 c). Aus dem Rückgrat heraus ragen in einer spezifischen Reihenfolge die unterschiedlichen DNS-Basen. Jedes einzelne Gen, das aus etwa 1 000 Nukleotiden besteht, enthält eine spezifische genetische Information für die Synthese eines charakteristischen Proteins. Im unteren Teil des Schemas ist zu erkennen, wie die DNS aus zwei umeinandergewundenen DNS-Einzelsträngen besteht, die komplementär sind und deren Orientierung antiparallel ist. Die beiden Einzelstränge werden durch die Ausbildung von Wasserstoffbrücken zwischen den DNS-Basen zusammengehalten, wobei Adenin stets mit Thymin und Guanin stets mit Cytosin paart.

Abb. 5   Struktur der Proteine

Abb. 6   Aufbau der DNS-Doppelhelix (Seite 20)

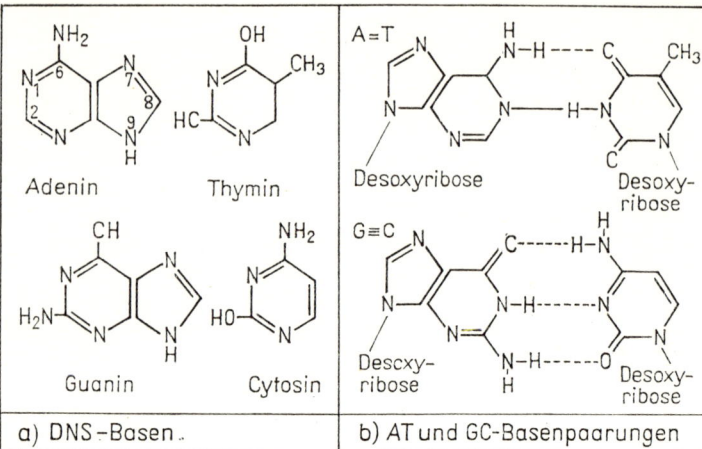

Adenin Thymin	A=T Desoxyribose Desoxyribose
Guanin Cytosin	G≡C Descxyribose Desoxyribose
a) DNS–Basen	b) AT und GC-Basenpaarungen

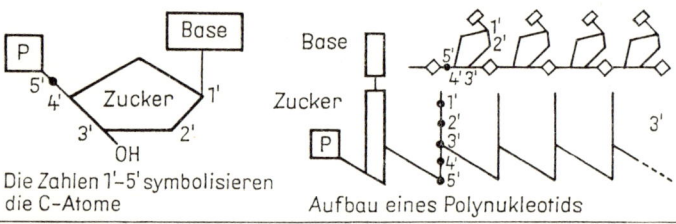

Die Zahlen 1'–5' symbolisieren die C-Atome

Aufbau eines Polynukleotids

c) Allgemeines Bauschema eines Nukleotids: Base–Zucker–Phosphatrest

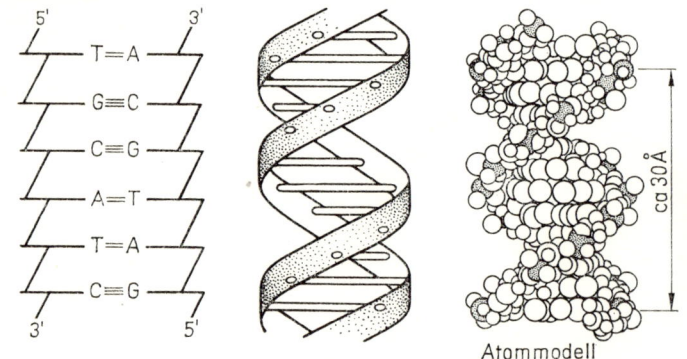

Atommodell

Die beiden DNS–Einzelstränge sind in antiparalleler Orientierung umeinander gewunden

d) Darstellungsformen des DNS-Doppelhelix Aufbau

Gene in Aktion

Doch nun zur entscheidenden Frage, wie die genetische Information realisiert wird. Der Mensch hat zur Weiterleitung von Information verschiedene Codesysteme erfunden und entwickelt. Das Morsealphabet ist hierfür ein bekanntes Beispiel. In ähnlicher Weise benutzt die Natur zur Codierung der genetischen Information ein System mit vier Zeichen, den DNS-Basen Adenin, Guanin, Cytosin und Thymin. Die Frage ist zu beantworten, wie mit vier Symbolen eine Übersetzung der genetischen Information in die zwanzig verschiedenen Aminosäuren enthaltende Proteinsequenz erfolgt. Auch ohne entsprechende Vorkenntnisse wird dem Leser der Zusammenhang schnell klar: würde jeweils ein spezifisches Nukleotid eine spezifische Aminosäure codieren, so reicht diese Art der Codierung nur für vier Aminosäuren. Wenn man dagegen jeweils zwei der DNS-Basen kombinieren würde, um eine Aminosäure zu codieren, so gibt es immerhin $4^2 = 16$ Kombinationen! Doch auch dies ist noch zu wenig, um insgesamt 20 Aminosäuren zu codieren. Kombiniert man aber jeweils drei der genetischen Buchstaben, so ergeben sich theoretisch $4^3 = 64$ Möglichkeiten. Das wären mehr als genug Varianten, um die 20 unterschiedlichen Aminosäuren codieren zu können. In einem atemberaubenden Wettlauf gelang Mitte der 60er Jahre der Nachweis, daß die zuletzt genannte Möglichkeit tatsächlich in der Natur realisiert ist. Die Abb. 7 veranschaulicht die Struktur des genetischen Codes. Insgesamt 61 der 64 Codonen werden zur Codierung der Aminosäuren verwendet, während die drei verbleibenden Codonen als Stoppsignal bei der Proteinsynthese dienen. Nach der Entschlüsselung des genetischen Codes konnte die von Beadle und Tatum aufgestellte »Ein-Gen-ein-Enzym«-Hypothese (1943) präzisiert werden. Ein Gen umfaßt auf dem DNS-Molekül einen Abschnitt

21

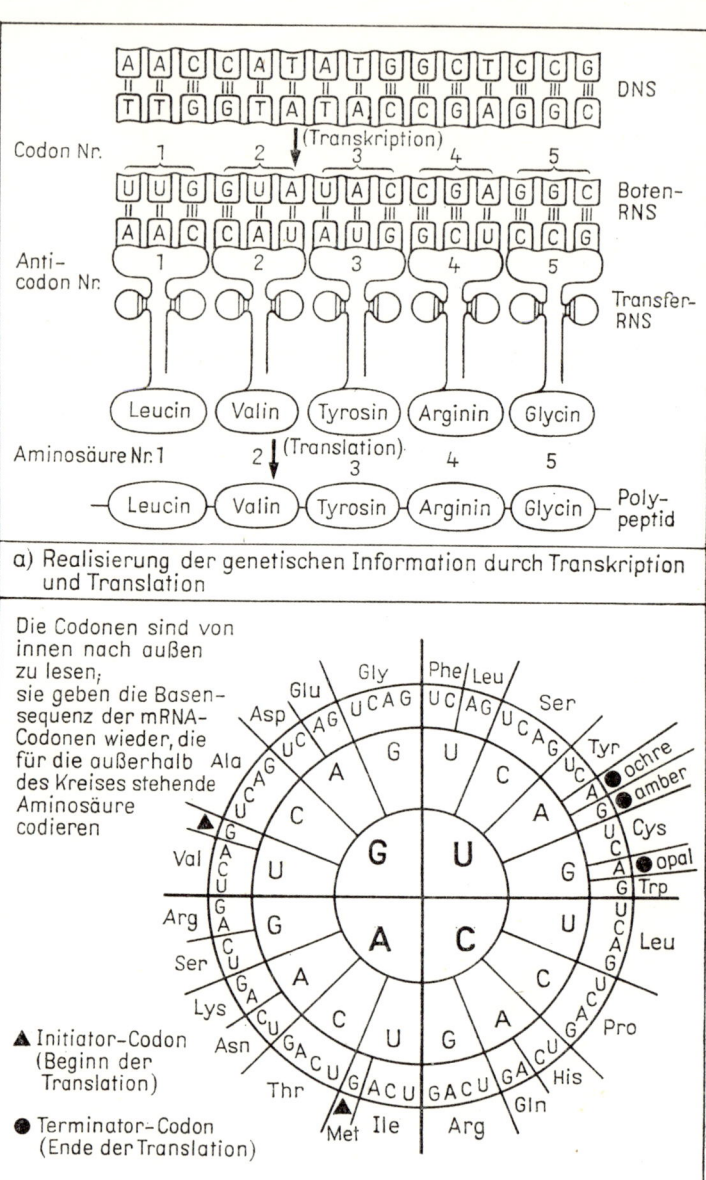

a) Realisierung der genetischen Information durch Transkription und Translation

Die Codonen sind von innen nach außen zu lesen; sie geben die Basensequenz der mRNA-Codonen wieder, die für die außerhalb des Kreises stehende Aminosäure codieren

▲ Initiator-Codon (Beginn der Translation)

● Terminator-Codon (Ende der Translation)

b) Die Code „Sonne"

von etwa 1 000 Nukleotiden, die durch Start- und Stoppsignale begrenzt sind und die Information für die Synthese eines spezifischen Proteins enthalten. Die Synthese der Proteine gemäß den Regeln des genetischen Codes ist ein ungemein komplizierter Vorgang in der Zelle. Vom Prinzip her ist der Vorgang jedoch recht einfach, denn die Proteinsynthese ist ein Zwei-Schritt-Mechanismus:

Den ersten Schritt bezeichnet man als Transkription, und er umfaßt die Synthese einer Kopie (einer RNS) der entsprechenden Gene (Abb. 8).

Der zweite Schritt, die Translation, beinhaltet die Synthese von Proteinen an den Ribosomen (Abb. 9).

Die Umschreibung der DNS in ein RNS-Molekül erfolgt durch das Enzym RNS-Polymerase. Wie erkennt solch ein Ezym, wo es mit der Umschreibung beginnen soll? Hierfür gibt es eine spezifische Erkennungssequenz auf der DNS, die als Promotor bezeichnet wird. Solche Promotorsequenzen sind jedem Gen oder jeder Gengruppe vorgelagert. So unterschiedlich die Promotorsequenzen auch sein können, alle haben bei *Escherichia coli* zwei charakteristische Strukturelemente, die »-35-Region« und die »-10-Region«.

Die »-35-Region« ist der Erkennungsort für die RNS-Polymerase, an dem sie festbindet. Die »-10-Region« ist die Stelle, an der die DNS-Doppelhelix aufgeschweißt wird, um mit der Synthese einer RNS-Kopie beginnen zu können. Die Namen »-35-Region« und »-10-Region« leiten sich her von den Entfernungen bis zum eigentlichen Startpunkt der Transkription. 35 Nukleotide vor diesem Startpunkt bindet somit die RNS-Polymerase und 10 Nukleotide davor wird die DNS kurzzeitig aufgetrennt. Die Abb. 9 stellt dar, wie ausgehend von der gebildeten Messenger-RNS, die nunmehr die genetische Information für die Herstellung spezifischer Proteine enthält, die entsprechenden Genprodukte synthetisiert werden. Noch ehe der Vorgang der Transkription

Abb. 7   Realisierung der genetischen Information und Struktur des genetischen Codes

Abb. 8   Transkription der genetischen Information durch die RNS-Polymerase (Herstellung einer mRNS-Kopie von einem oder mehreren Genen) (Seite 24)

Abb. 9   Der Mechanismus der Proteinsynthese
Translation der in der mRNS enthaltenen genetischen Information in die entsprechenden Aminosäuresequenzen (Seite 25)

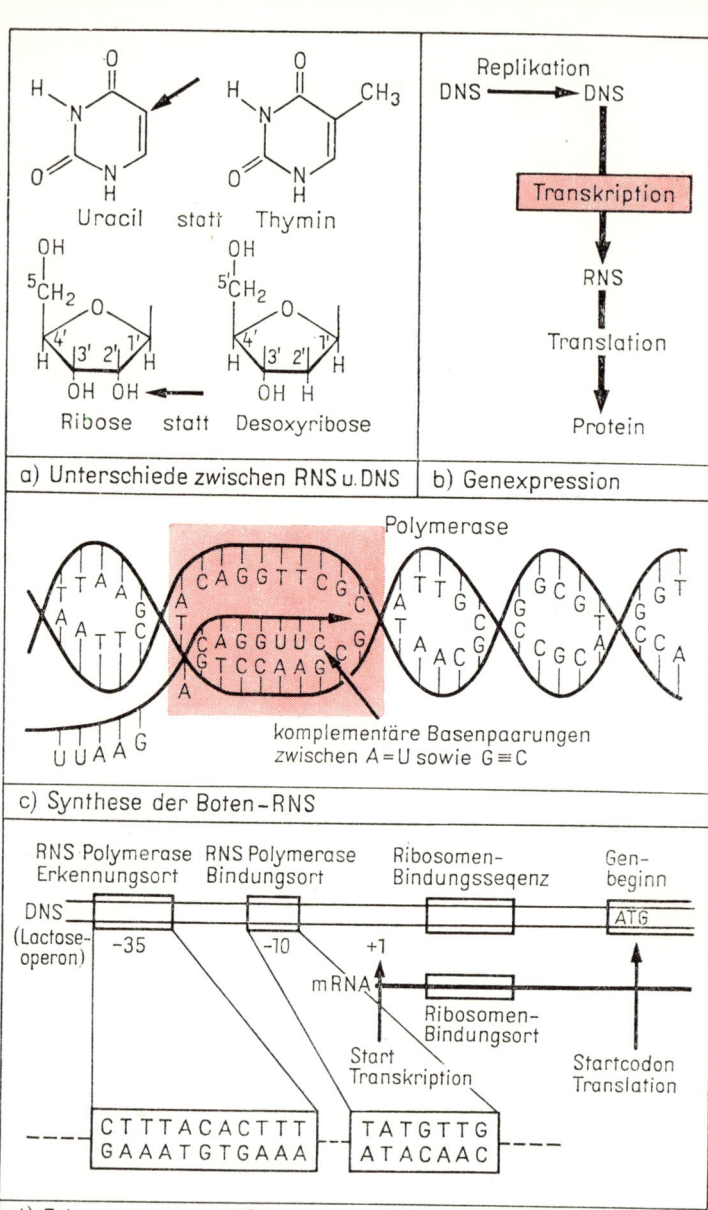

a) Unterschiede zwischen RNS u. DNS

b) Genexpression

Replikation
DNS ⟶ DNS

Transkription

RNS

Translation

Protein

Uracil statt Thymin

Ribose statt Desoxyribose

Polymerase

komplementäre Basenpaarungen
zwischen A=U sowie G≡C

c) Synthese der Boten-RNS

RNS Polymerase
Erkennungsort

RNS Polymerase
Bindungsort

Ribosomen-
Bindungsseqenz

Gen-
beginn

DNS
(Lactose-
operon)

−35

−10

+1

ATG

mRNA

Ribosomen-
Bindungsort

Start
Transkription

Startcodon
Translation

CTTTACACTTT
GAAATGTGAAA

TATGTTG
ATACAAC

d) Erkennungs- und Bindungsort für RNS Polymerase

1. Ribosomen:

An den Ribosomen werden die Proteine synthetisiert

2. mRNS:

Die mRNS ist die Kopie einer Gensequenz und enthält die genetische Information in Form der aneinandergereihten Codonen

3. tRNS:

Die tRNS transportieren die Aminosäuren zum Ort der Proteinsynthese

a) Komponenten der Proteinsynthese

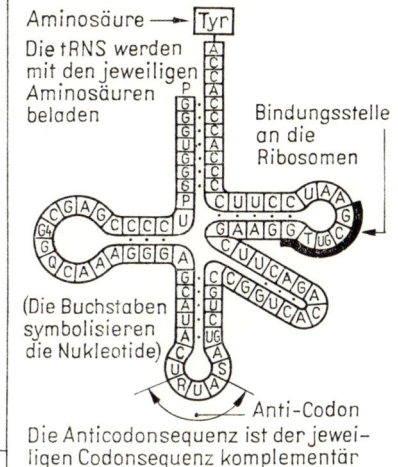

Aminosäure ⟶ [Tyr]

Die tRNS werden mit den jeweiligen Aminosäuren beladen

Bindungsstelle an die Ribosomen

(Die Buchstaben symbolisieren die Nukleotide)

Anti-Codon

Die Anticodonsequenz ist der jeweiligen Codonsequenz komplementär

b) Kleeblattstruktur der tRNS

Die schwarzen „t"symbolisieren die Kleeblattstruktur der tRNS, die mRNS ist rot dargestellt. Links auf dem Ribosom ist die P-(Peptidyl) Position und rechts die A-(Aminoacyl) Position.

Das linke Bild zeigt die Phase 1 der Translation und rechts das gleiche Ribosom etwas später

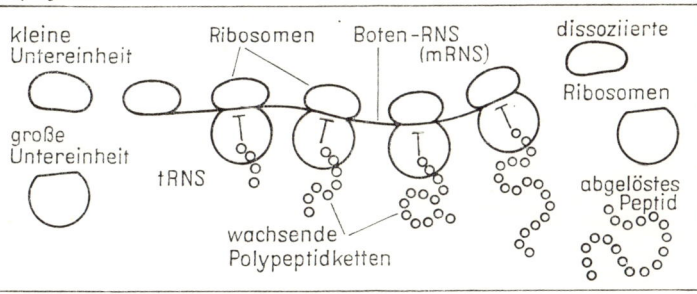

mRNS

Ribosom

Peptid

Knüpfung der Peptidbindung zwischen 2 Aminosäuren

entladene tRNS

mit Aminosäure beladene tRNS

c) Synthese der Proteine an den Ribosomen

---

kleine Untereinheit

Ribosomen

Boten-RNS (mRNS)

dissoziierte

Ribosomen

große Untereinheit

tRNS

wachsende Polypeptidketten

abgelöstes Peptid

d) Gleichzeitige Synthese identischer Polypeptidketten an einer mRNS

abgeschlossen ist, lagern sich an die länger werdenden RNS-Moleküle die Ribosomen an, um mit der Synthese der Proteine zu beginnen. Jedes einzelne Ribosom setzt sich aus zwei Untereinheiten zusammen, die aus mehr als 50 unterschiedlichen Proteinen bestehen. Das Grundgerüst der Ribosomen sind jedoch die drei bereits in der Tab. 2 erwähnten ribosomalen RNS-Moleküle, an die sich beim Zusammenbau der Ribosomen die ribosomalen Proteine anlagern. Wie erfolgt nun die Synthese der Proteine gemäß der Anweisung in dem RNS-Molekül? Die einzelnen erforderlichen Aminosäuren werden durch die aminosäure-spezifischen Transfer-RNS-Moleküle an den Ort der Proteinsynthese gebracht. Aus Tabelle 2 ist zu ersehen, daß es etwa 60 verschiedene Transfer-RNS-Moleküle gibt, die in sehr hohen Kopiezahlen in der Zelle vorliegen (200 000 tRNS-Moleküle pro Zelle). Die tRNS-Moleküle besitzen an einer exponierten Stelle das Anticodon. Ein

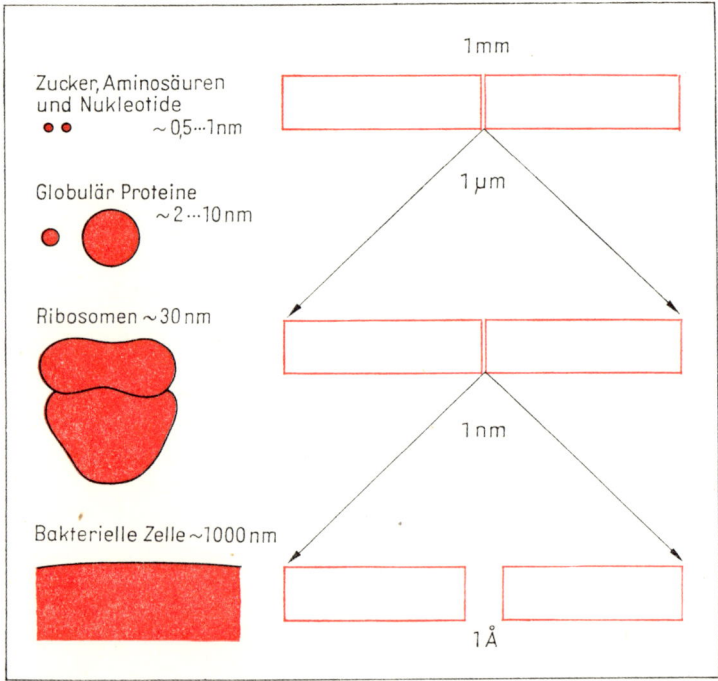

Abb. 10 Die Größe von kleinen Molekülen und Proteinen im Vergleich zu anderen Zellbestandteilen

Anticodon umfaßt jeweils drei Nukleotide und ist der Codon-sequenz auf der Messenger-RNS komplementär. Ein äußerst kom-plizierter Mechanismus sorgt nun dafür, die verschiedenen, mit Aminosäuren beladenen tRNS-Moleküle in der richtigen Reihen-folge mit den entsprechenden Codonen zu paaren.

Abb. 10 vermittelt eine Vorstellung von den Größenverhält-nissen zwischen der Bakterienzelle und ihren Bestandteilen.

Sichtbarmachung des Unsichtbaren

Mit Genen zu hantieren, sie von einem Organismus in einen anderen zu transferieren, sie durch Mutationen zu verändern – all das sind für den Uneingeweihten kaum vorstellbare Ereignisse. Wie kann man mit Genen arbeiten, wenn man sie doch nicht sehen kann? Wie konnte ein Bakterium wie *E. coli* zum »Haustier« der Genetiker werden, wo es doch mit bloßen Augen nicht einmal zu sehen ist?

Der entscheidende experimentelle Trick hierbei besteht darin, das unsichtbar Ablaufende für den Experimentator im nachhinein sichtbar zu machen. Hierfür ein eindrucksvolles Beispiel: Gerade bei den klassischen Experimenten, die in diesem Buch geschildert werden, kommt es darauf an, exakt zu wissen, mit wie vielen Bakterien gearbeitet wird, wie groß der Anteil seltener Ereignisse (z. B. Mutationen oder sexueller Austauschvorgänge) – gemessen an der Gesamtzahl von Bakterien – ist. Wie lassen sich solche Zahlen exakt ermitteln, wo doch auf kleinstem Raum Millionen von Bakterien existieren können? *E.-coli*-Zellen vermehren sich durch eine sich ständig wiederholende Zweiteilung (Abb. 11). Unter optimalen Bedingungen, bei einer Temperatur von 37 °C, teilen sich die Bakterien aller 20 bis 30 Minuten. So steigt die Zellzahl exponentiell an: 1, 2, 4, 8, 16, 32, 64, 128 usw. In nur 5 Stunden entstehen 1 000 Nachkommen, in 10 Stunden 1 Million Bakterien. Nach etwa 16 Stunden ist die Sättigung erreicht: Auf einem Raum von einem Kubikzentimeter (angefüllt mit flüssigem Nährmedium) existieren 4 bis 6 Milliarden Bakterien. Diese Anzahl übersteigt die Zahl der Menschen auf unserer Erde! In dieser enormen Dichte liegt ein ganz entscheidender Vorteil gegenüber anderen genetischen Objekten, wie z. B. der Platterbse oder der Taufliege *Drosophila*. Die Anzahl an Individuen ist so groß, daß

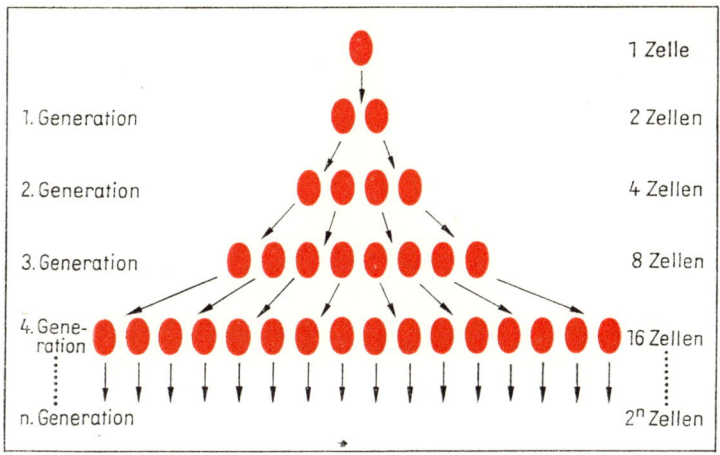

Abb. 11 Das exponentielle Anwachsen einer bakteriellen Population durch die Entstehung von jeweils zwei Tochterzellen aus jeder einzelnen Zelle pro Generation

man bei geeigneten Selektionsverfahren für jedes interessierende Gen die gewünschten Mutationen ausfindig machen kann. Gibt man z. B. 1 Milliarde Bakterien auf eine Agarplatte, die zusätzlich das Antibiotikum Streptomycin enthält, so sterben alle Bakterien ab bis auf die Mutanten, die durch eine zufällige, ungerichtete Mutation die Fähigkeit zur Streptomycinresistenz bekommen haben. In der Regel findet man nur eine streptomycinresistente Mutante pro einer Milliarde Bakterien. Diese Möglichkeit, auf eine extrem große Individuenzahl strenge Selektionsbedingungen anzuwenden, hat es der Bakteriengenetik ermöglicht, alle fundamentalen Vorgänge des Lebens, wie z. B. die Mutationsentstehung, die Verdopplung der genetischen Information, die sexuellen Austauschvorgänge, die Realisierung der genetischen Information u. a. m., bis ins molekulare Detail zu beschreiben. Man muß hierbei bedenken, daß die Genetik eine Wissenschaft ist, die stets im Vergleich zum Wildtyp (zur unveränderten Ausgangsform) eine Mutante benötigt, die in einem interessierenden Gen mutiert ist. Erst dann ist die Analyse der Unterschiede in den chemischen Reaktionen und im Verhalten durchführbar und ermöglicht Rückschlüsse auf die Funktionen einzelner Gene. Die seltenen Mutanten findet man durch geschickte Selektionsbedingungen. Die Gesamtzahl der Bakterien in einem Experiment ermittelt man da-

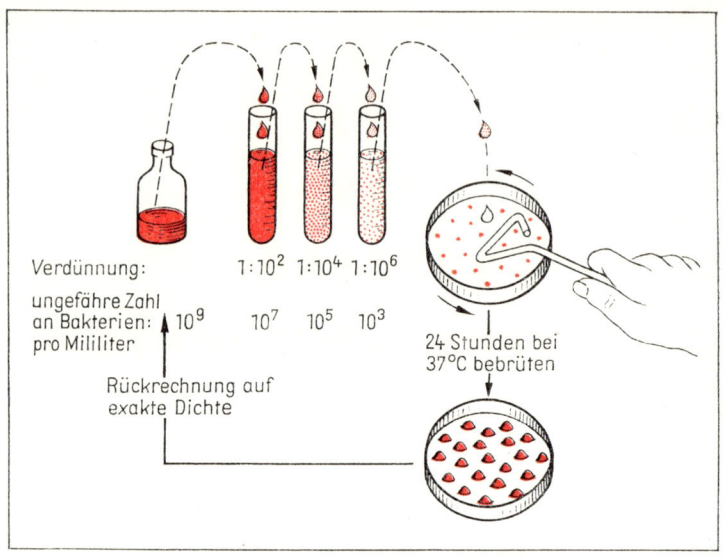

Verdünnung: 1:10² 1:10⁴ 1:10⁶

ungefähre Zahl
an Bakterien: 10⁹ 10⁷ 10⁵ 10³
pro Milliliter

Rückrechnung auf
exakte Dichte

24 Stunden bei
37 °C bebrüten

Abb. 12 Die exakte Ermittlung der Anzahl an Bakterien in einer Suspension durch schrittweises Verdünnen und Ausplattieren

gegen mit einem einfachen Trick (Abb. 12): Durch schrittweise Verdünnungen wird die Dichte der Bakterienpopulation so weit herabgesetzt, daß pro Milliliter nur noch einige hundert oder tausend Bakterien vorhanden sind. Hiervon gibt man eine definierte Menge (z. B. 0,1 Milliliter) auf eine Agarplatte und bebrütet sie für 24 Stunden bei 37 °C. Überall dort, wo ein Bakterium auf die Platte gelangt ist, beginnt das exponentielle Wachstum wie in Abb. 11 gezeigt.

Aus dem mit bloßen Augen nicht sichtbaren Bakterium werden schnell einige Milliarden, die einen sichtbaren Zellhaufen, eine Kolonie bilden.

Hat man eine Bakteriensuspension millionenfach verdünnt und ermittelt auf der Petrischale 22 Kolonien (Abb. 12), so läßt sich leicht zurückrechnen, daß ursprünglich $2,2 \cdot 10^8$ Bakterien je Milliliter Nährbouillon vorhanden waren. Auf diese und ähnliche Art und Weise macht man das Unsichtbare sichtbar . . .

Vor 100 Jahren:
Die Entdeckung von Escherichia coli

Der deutsche Kinderarzt Theodor Escherich (1857–1911), der im Jahre 1885 erstmalig das »Bacterium coli communale« beschrieb, konnte nicht ahnen, daß dieses später nach ihm benannte (Bakterium) *Escherichia coli* zum weltberühmten Modellobjekt der Molekularbiologie aufsteigen sollte. Bei der Untersuchung der Mikroflora des Darmes von Neugeborenen stellte er fest, das im Volksmund als »Kindspech« bezeichnete Mekonium ist zuerst keimfrei, jedoch wird der Darm schon sehr bald nach der Geburt von einer Vielzahl unterschiedlicher Mikroorganismen besiedelt. Heute weiß man, mit dem Kot werden je Gramm etwa 200 Millionen *E. coli* ausgeschieden.

Theodor Escherich, der in einem Vortrag und einer sich anschließenden ausführlichen Monographie Morphologie und Wachstumseigenschaften des neu entdeckten Bakteriums beschrieb, hatte ursprünglich angenommen, diese Bakterien seien die zahlenmäßig häufigsten Darmbewohner bei Erwachsenen. Erst später – bei Anwendung geeigneter Kultivierungsmethoden – stellte sich das Dominieren strikt anaerober Bakterien heraus. (Insgesamt leben im Magen-Darm-Kanal eines Menschen etwa 10^{14} (!) Bakterien.)

Escherich war 1884 als wissenschaftliche Hilfskraft zur Bekämpfung der Cholera-Epidemie nach Neapel gesandt worden. Darin ist wohl die entscheidende Ursache für sein ausgesprochenes Interesse an der noch jungen, aber sich bereits stürmisch entwickelnden Bakteriologie zu sehen.

Seine Untersuchungen, die schließlich zur Entdeckung und Beschreibung von »Escherichia coli« führten, machte Escherich als Assistenzarzt an der Kinderklinik in München. Theodor Escherich hatte zuvor an den Universitäten in Straßburg, Kiel, Berlin und Würzburg Medizin studiert, ehe er sein Studium in München ab-

Abb. 13   Theodor Escherich

schloß und dort 1881 promovierte. Dies war der Beginn einer
recht erfolgreichen und schnellen wissenschaftlichen Karriere:
Assistent im Juliusspital Würzburg, danach Assistenzarzt an der
Münchener Kinderklinik, 1884 Aufenthalt in Neapel (Cholera-
Epidemie), bereits 1886 Habilitation als Privatdozent für Kinderheilkunde und 1890 – mit 33 Jahren – Berufung zum Leiter der
Grazer Kinderklinik. Durch wesentliche wissenschaftliche Arbeiten und ein ausgeprägtes Organisationstalent machte er sich einen
guten Namen und wurde 1902 als Professor für Kinderheilkunde
nach Wien berufen. Aufgrund seiner international beachteten wissenschaftlichen Arbeiten erhielt er 1904 eine Einladung für einen
Aufenthalt in St. Louis/USA. Sehr früh riß der Tod im Jahre
1911 den geehrten und erfolgreichen Mediziner aus seiner Tätigkeit als Kinderarzt und Wissenschaftler.

Im Jahre 1919 wurde das von ihm entdeckte Bakterium *Escherichia coli* genannt. Obwohl sich diese Bezeichnung schnell ein-
bürgerte, erfolgte die offizielle Anerkennung erst 1958.

Escherich war überzeugt davon, daß es sich bei dem entdeckten

Bakterium um einen harmlosen Schmarotzer handelt. Diese Einschätzung hat heute nur noch mit gewichtigen Einschränkungen Geltung, denn es gibt auch *E.-coli*-Varianten, die so verschiedene Infektionskrankheiten, wie Hirnhautentzündung, Harnwegsinfektionen, Lungenentzündungen, Wundinfektionen und Blutvergiftungen verursachen können. Der *E.-coli*-Stamm K12, der im Jahre 1922 aus dem Stuhl eines an Diphtherie erkrankten Patienten isoliert worden war und den Stammvater des Standardobjektes der Molekularbiologie darstellt, ist jedoch eine harmlose Form, die auch heute noch weltweit in der akademischen Ausbildung genutzt wird, in der wissenschaftlichen Grundlagenforschung, aber auch für die biotechnologische Produktion mit manipulierten *E.-coli*-Stämmen.

Vor 50 Jahren:
Warten auf das Paradoxon

In den dreißiger Jahren – zu einer Zeit, in der die erstaunlichen Phänomene des Lebens weder für den Biologen noch für den Physiker erklärbar erschienen – hielt Niels Bohr einen öffentlichen Vortrag über »Licht und Leben«.

Bohr war einer der Baumeister der modernen Physik, die in den ersten drei Jahrzehnten unseres Jahrhunderts entstand und die die gewaltigste wissenschaftliche Revolution darstellt, die sich bis zu diesem Zeitpunkt im 20. Jahrhundert ereignet hatte. Die zweite Jahrhundertrevolution, der Durchbruch bei der Erklärung der fundamentalen Erscheinungen des Lebens, stand noch aus. Über die schier unlösbar erscheinenden Probleme meditierte Bohr in seinem Vortrag auf der Grundlage der Erfahrungen, die die Physiker gemacht hatten. Er nahm an, die simple Reduktion lebender Organismen auf chemische Wechselwirkungen würde zu vergleichbaren Schwierigkeiten führen, mit der die Physiker zu kämpfen hatten, als sie noch versuchten, die Position jedes einzelnen Elektrons im Atom exakt zu beschreiben.

Mit Hilfe neuer experimenteller Techniken war es dem Menschen gelungen, in die atomare Welt vorzudringen, in eine Welt, die der direkten Wahrnehmung bisher verschlossen war. Unsere Sinnesorgane haben sich im Verlauf der Evolution entwickelt, um die den Menschen umgebende Welt erfassen zu können. Für das menschliche Auge blieb die atomare Welt daher verschlossen. Darüber hinaus schien die menschliche Sprache kaum geeignet zu sein, um die atomare Wirklichkeit adäquat beschreiben zu können. Zu welchen offensichtlich unlösbaren Problemen der Vorstoß in die atomare Welt führte, wird an der Tatsache sichtbar, daß die Physiker zu Beginn unseres Jahrhunderts das Phänomen Licht nicht zufriedenstellend beschreiben konnten. Eindeutig ließ sich Licht bei bestimmten Versuchsanordnungen als Welle beschreiben, denn es zeigt Interferenzerscheinungen. Ebenso unzweideutig konnte aber auch der Teilchencharakter des Lichtes demonstriert werden, da auf Metall aufprallendes Licht Elektronen freischlägt. Die eigentliche Ursache für dieses Paradoxon, das Licht entweder als Teilchen oder als Welle zu betrachten, liegt darin, daß die Energie atomarer Bausteine unstetig in Form sogenannter Quantensprünge ab- oder zunimmt. Für dieses durch die Existenz der Quanten bedingte Problem fand Bohr in den zwanziger Jahren eine Lösung. Er war davon überzeugt, daß bei der Erklärung des Lichts weder auf die Vorstellung von Teilchen noch auf die der Welle verzichtet werden kann, denn beide Begriffe basieren auf eindeutigen experimentellen Ergebnissen. So führte Bohr 1929 den Begriff Komplementarität ein. Demgemäß sind Welle und Teilchen komplementäre Bilder des tatsächlichen Geschehens. Obwohl beide Begriffe einander widersprechen, ergänzen sie sich auch, indem sie die atomare Wirklichkeit beschreiben. Bohr war sicher, mit der Idee der Komplementarität auch für andere Wissenschaften einen vernünftigen Rahmen gefunden zu haben, um die Natur adäquat zu beschreiben. Daher auch seine Bemühungen, die Idee der Komplementarität über die Physik hinaus im Bereich der Biologie zur Beschreibung von Phänomenen, die einander offenbar widersprechen, zu benutzen. Bohr war damals überzeugt, daß die Erscheinungen des Lebens nicht auf die Vorgänge der Physik zurückgeführt werden können. Er nahm an, der physiologische und der physikalische Aspekt des Lebens seien einander komplementär und es sei eine Art Unbestimmtheitsrelation des Lebens vorhanden.

Bohr verkündete in seinem Vortrag die Überzeugung, man könnte eine Komplementarität des Lebens finden und damit den Weg zeigen, die Grundphänomene des Lebens wissenschaftlich adäquat zu beschreiben. Die Physik war zu Beginn unseres Jahrhunderts bei dem Versuch gescheitert, ein klassisches Atommodell zu entwickeln. In analoger Weise sollte man erwarten, bei der Analyse der zentralen Phänomene des Lebens würden sich schließlich Paradoxien zeigen, wenn man Lebewesen mit Hilfe verschiedenster Methoden und unterschiedlicher Untersuchungsstrategien analysiert.

Auf niemanden hatte der Inhalt dieses Vortrages wohl eine größere Wirkung als auf Max Delbrück. Max Delbrück, Sohn des berühmten Historikers Hans Delbrück, hatte sein Studium der Astronomie 1924 an der Universität Tübingen begonnen. Nach Zwischenstationen in Berlin und Bonn promovierte er über ein quantenmechanisches Problem an der Universität Göttingen. Als Rockefeller-Stipendiat arbeitete er in Kopenhagen bei N. Bohr und in Zürich bei W. Pauli.

Delbrück wurde 1932 Assistent von Lise Meitner am Kaiser-Wilhelm-Institut für Chemie. Bedingt durch sein großes Interesse an den ungelösten Problemen der Biologie organisierte er einen privaten Diskussionskreis, an dem nicht nur theoretische Physiker, sondern auch bedeutende Biologen teilnahmen. Er knüpfte an den Ergebnissen von H. J. Muller an, der fünf Jahre zuvor demonstriert hatte, daß sich durch Röntgenstrahlen die extrem niedrigen spontanen Mutationsraten drastisch anheben lassen. Delbrück wußte, die Physiker waren zu Beginn unseres Jahrhunderts gescheitert, die Beziehungen zwischen Strahlung und Materie mit dem Denkansatz der klassischen Physik zu verstehen. Nun erhoffte er bei der Analyse der Wechselwirkungen zwischen Strahlung und lebender Materie auf Paradoxien zu stoßen, die letztlich zur Erklärung der Grundphänomene des Lebens führen könnten.

Delbrück suchte hierfür die Zusammenarbeit mit dem Genetiker N. W. Timofeeff-Ressovsky und dem Strahlenphysiker K. Zimmer, um die Natur der Genmutationen und damit letztlich auch die Struktur der Gene zu analysieren.

Obwohl sich die Genetik bereits zu einer beachtlichen und sehr erfolgreichen Wissenschaft entwickelt hatte, wußte man Mitte der 30er Jahre über die Natur des Gens so gut wie nichts. Auf die Existenz partikulärer Erbfaktoren hatte schon G. Mendel im 19. Jahrhundert aufgrund seiner Ergebnisse über die Vererbung sichtbarer Merkmale geschlossen. Unser Jahrhundert begann mit der Wiederentdeckung der Mendelschen Gesetze. Sie markiert den Beginn einer Wissenschaft, der man 1906 den Namen Genetik gab und die 1909 den Begriff Gen formulierte. Bereits in den 20er Jahren wies der Amerikaner Morgan nach, daß die Gene wie Perlen auf einer Schnur auf den im Mikroskop erkennbaren Chromosomen aufgereiht sind. Mullers Entdeckung, mit Röntgenstrahlen Mutationen induzieren zu können, diente Delbrück als Grundlage für die so entscheidende und gerade für Physiker interessante Frage nach den Ursachen der erstaunlichen Stabilität der Gene über viele Generationen. Er hoffte, seine Analyse würde letztlich in Widerspruch zu den Ergebnissen der klassischen Genetik geraten. Er nahm an, Erklärungen, basierend auf den bisherigen Erkenntnissen der modernen Physik, würden nicht ausreichen, und so könnte das erwartete Paradoxon sichtbar werden. Statt des erhofften Widerspruchs zeigte sich, daß Gene offensichtlich die gleichen physikalisch-chemischen Eigenschaften wie gewöhnliche

Moleküle haben. Im Gegensatz zur Erwartung, die Quantenmechanik könne die Stabilität und Variabilität der Gene nicht erklären, zeigte sich, daß es gerade die durch die Quantenmechanik erläuterten stationären Zustände von Molekülen sind, die eine Deutung für die konträren Phänomene von Stabilität und Mutabilität geben. Die Röntgenstrahlen übertragen direkt oder indirekt über entstehende Sauerstoffradikale die Energiequanten auf die Gene; infolge dieser Einwirkungen entstehen neue vererbbare Genvarianten. Das Ergebnis der gemeinsamen Arbeit von Delbrück, Timofeeff-Ressovsky und Zimmer war die Erkenntnis, Gene als Moleküle zu betrachten.

Nun stellte sich die entscheidende Frage nach der wirklichen Struktur dieser Gene. Knapp 20 Jahre später fanden Watson und Crick mit der Doppelhelix die prinzipielle Antwort. Wenngleich Delbrück als der wohl entscheidende Wegbereiter für die Entwicklung der Molekularbiologie bezeichnet werden kann, so darf bei der Darstellung der Erwartungen, die Physiker bei der Analyse der fundamentalen Lebensprobleme hatten, ein Buch des österreichischen Physikers Schrödinger nicht unerwähnt bleiben, da es eine ungewöhnlich weitreichende Bedeutung für die Entstehung der Molekularbiologie bekam. Dieses kleine Buch »Was ist Leben?« erschien kurz vor Ende des zweiten Weltkrieges. Einleitend stellte Schrödinger fest:[1] »Wenn die heutige Physik und Chemie diese Vorgänge (die in einem lebenden Organismus vor sich gehen) offenbar nicht zu erklären vermögen, so ist das durchaus kein Grund, die Möglichkeiten ihrer Erklärung durch diese Wissenschaften zu bezweifeln.« Schrödinger betrachtet die fundamentalen Phänomene des Lebens aus der Sicht des theoretischen Physikers. Er vergleicht die unterschiedlichen Eigenschaften lebloser und lebender Materie und stellt einleuchtend dar, daß die so augenscheinliche Qualität lebender Materie, in einem hohen Ordnungszustand zu existieren und »sich dem Abfall in den Gleichgewichtszustand« zu entziehen, im Grunde nicht verwunderlich ist. Indem Lebewesen die Sonne als beständige Energiequelle nutzen und so von »negativer Entropie« leben, ist die Aufrechterhaltung des hohen Ordnungszustandes erklärbar, ohne daß in irgendeiner Weise die Gesetze der Thermodynamik verletzt werden. Das entscheidende Problem, das es zu klären gilt, war die Frage nach dem Mechanismus der Vererbung. Wie ist die hohe Stabilität der Gene zu erklären? Wie wird die genetische Information verschlüsselt und von Generation zu Generation weitergegeben? Schrödinger diskutiert in seinem Buch die Natur der Genmutationen als »Delbrücks Modell«.

Schrödingers Buch hatte auf die junge Physikergeneration einen ganz entscheidenden Einfluß! Der Grund ist wohl das Glaubensbekenntnis:[2] »Aus Delbrücks allgemeinem Bild von der Erbsubstanz geht hervor, daß die lebende Materie zwar den bis jetzt aufgestellten physikalischen Gesetzen nicht ausweicht, wahrscheinlich aber doch bisher unbekannten anderen physikalischen Gesetzen folgt, die einen ebenso integrierenden Teil dieser Wissenschaft bilden werden wie die ersteren, sobald sie einmal erkannt sind.«

Diese »romantische« Suche nach neuen fundamentalen physikalischen Gesetzen scheint der wesentliche psychologische Faktor gewesen zu sein, der gerade Physiker faszinierte und bewog, sich einzureihen in die Gruppe der Wissenschaftler, die die Schlüsselprobleme des Lebens erklären wollten. Die Erwartung, fundamentale Gesetze zu entdecken, ist nicht in Erfüllung gegangen, denn die Art und Weise, wie die genetische Information verschlüsselt und weitergegeben wird, ähnelt eher einem Puzzlespiel und ist im Prinzip so einfach darstellbar, daß es heute jedes Kind in der Schule begreifen kann. In einer Rezension über ein auch in Deutsch erschienenes Buch »Phagen und die Entwicklung der Molekularbiologie«, das aus Anlaß von Max Delbrücks 60. Geburtstag seine Schüler zusammenstellten, macht sich der amerikanische Genetiker R. C. Lewontin ein wenig lustig über die »Romantiker«, die mit der Hoffnung auszogen, neue physikalische Gesetze zu entdecken, und sich entgegen den Erwartungen alle fundamentalen genetischen Mechanismen im Rahmen der bereits bekannten physikalischen Gesetze beschreiben ließen. Auf dieses Phänomen eingehend, schreibt Max Delbrück in seinem Geleitwort zur deutschen Ausgabe, daß die Diskrepanz zwischen Erwartung und Erfüllung ja eine Grundtatsache des Lebens ist und Gegenstand unzähliger Märchen, Mythen, Sagen sowie der Kunstliteratur, von der pointierten Anekdote bis zum Roman. Und ebenso ist die Geschichte der Naturwissenschaft angefüllt mit einer nicht abreißenden Serie von Erfüllungen, die so nicht erwartet wurden . . .

Die informatorische Schule

Welche Moleküle sind die Träger der genetischen Information? Wie wird das genetische Programm unversehrt verdoppelt, so daß bei der Zellteilung jede Zelle eine Kopie des vollständigen genetischen Programms erhält? Wie entstehen Mutationen, das heißt vererbbare Veränderungen im genetischen Text? Dies waren zentrale Fragen derjenigen Wissenschaftler, die der von M. Delbrück begründeten wissenschaftlichen Schule angehörten. Weil die entscheidende Frage die nach der genetischen Information, ihrer Verschlüsselung, Verdopplung und Weitergabe war, verwendet man auch den Begriff der informatorischen Schule. Der vorangehende Abschnitt »Warten auf das Paradoxon« beschreibt in groben Zügen ihre Ursprünge. Der Wissenschaftshistoriker G. Allen gibt in seinem Buch »Life Science in the Twentieth Century« einen zeitlichen Rahmen für die »romantische Phase« dieser Schule. Danach begann sie mit dem Jahr 1938, in dem M. Delbrück sich entscheidet, die Viren der Bakterien (die Bakteriophagen) als Forschungsobjekt zu verwenden. Sie endete mit dem berühmten Experiment von A. D. Hershey und M. Chase, mit dem sie bestätigten, daß die DNS Träger der genetischen Information ist und nicht die Proteine, die so viele Jahre für diese Rolle favorisiert worden waren. Die Grundlage für den überwältigenden Erfolg der informatorischen Schule war zweifellos Delbrücks geniale Entscheidung. Mit einem Rockefeller-Stipendium ging Delbrück 1937 an das weltbekannte »California Institute of Technology« (Caltech), wo er im Phagenlabor von E. L. Ellis Aufnahme fand. Bereits im Jahre 1928 war Morgan mit seinen Mitarbeitern von New York nach Pasadena an das Caltech übergesiedelt. So kam Delbrück in engen Kontakt mit dieser erfolgreichen Forschungsgruppe, in der die Chromosomentheorie der

Vererbung entwickelt worden war, für die Morgan schließlich mit dem Nobelpreis ausgezeichnet wurde. Delbrück ahnte jedoch, daß das Forschungsobjekt der Morgan-Gruppe, die Fruchtfliege *Drosophila melanogaster,* viel zu kompliziert war, um die ihn interessierenden fundamentalen Fragen experimentell anzugehen. Am Caltech entstand die grundlegende Arbeit »The growth of bacteriophage« (E. L. Ellis und M. Delbrück, J. Gen. Physiol. 22, 365, 1939). Bei Ausbruch des zweiten Weltkrieges wechselte Delbrück an die kleine Vanderbilt-Universität. In einem Interview sagte er später über diese Zeit:[3] »Ich kam 1937 herüber und war während des Krieges feindlicher Ausländer. Und als ›feindlicher Ausländer‹ bekam ich eine kleine Stelle als Physikassistent an der Vanderbilt-Universität in Nashville/Tennessee. Sie werden denken, daß das ein äußerst ungünstiger Platz war. Aber es wirkte sich gut aus. Ich blieb da 7½ Jahre. Die Situation gab mir – im Zusammenhang mit Luria, einem anderen ›feindlichen Ausländer‹, und in engem Kontakt mit Hershey, einem anderen gesellschaftlichen Außenseiter, – genügend Muße, um die ersten Phagen-Forschungen zu machen, die ein Eckstein für die Molekulargenetik wurden.« Tatsächlich war das Zusammentreffen von Delbrück, Luria und Hershey der Beginn der »Phagengruppe«. Im Jahre 1945 veranstaltete Delbrück im Cold Spring Harbor Labor (in der Nähe New Yorks) den ersten mehrwöchigen Phagenkurs, der Jahr für Jahr durchgeführt wurde und für viele der Einstieg in die Phagenforschung wurde. 1947 kehrte Delbrück dann an das Caltech zurück und machte es zu dem »Mekka der Phagenforschung«. Die ungewöhnliche Anziehungskraft Delbrücks ergab sich nicht nur aus den Erfolgen der Phagengruppe, sondern vor allem aus der Art der Seminare und kleinen Diskussionsrunden, in denen ein »brain storming« die Regel wurde. Aus dieser Phagengruppe ging auch J. D. Watson hervor, der von Schrödingers Buch »Was ist Leben?« geradezu hypnotisiert worden war. Das spätere Zusammentreffen von Watson und Crick führte schließlich zur Fusion von drei recht unterschiedlichen Denkschulen, die als informatorische, biochemische und strukturalistische Schule bezeichnet wurden.

Die strukturalistische Schule

Wie sieht die dreidimensionale Struktur biologischer Moleküle aus? Wie wird durch eine spezifische räumliche Struktur eine bestimmte Funktion determiniert? Dies waren die beiden zentralen Fragen der Vertreter der strukturalistischen Denkschule. Diese strukturalistische Schule unterschied sich von der informatorischen Schule anfänglich nicht nur durch die verschiedenen Denkansätze, sondern ebenso stark durch die verwendeten Forschungsmethoden. Die Vertreter der informatorischen Schule betrachteten biologische Phänomene, wie z. B. die Vermehrung der Viren, und versuchten, vom Phänomen abwärts zu den molekularen Ursachen zu gelangen. Umgekehrt die Vertreter der strukturalistischen Denkschule: Sie wollten zuerst die räumliche Struktur biologischer Moleküle aufklären, um dadurch mehr über die biologische Funktion dieser Moleküle zu lernen. Ihre Betrachtungsweise war also nicht abwärts, sondern aufwärts gerichtet: von der molekularen Struktur biologischer Moleküle hin zu deren Funktion und damit schließlich hin zu den fundamentalen Phänomenen des Lebens.

Die wichtigste Methode dieser Schule war die Röntgenstrahl-Strukturanalyse, die zuerst bei Proteinen und später auch bei Nukleinsäuren angewendet wurde. Diese revolutionierende Technik war etwa um das Jahr 1912 gemeinsam von W. H. Bragg und seinem Sohn W. L. Bragg entwickelt worden. Das Prinzip ist recht einfach: Sobald man spezifische Substanzen kristallisiert hat, sind alle Moleküle bzw. Atome oder Ionen in einer eindeutigen und regulären Weise gitterartig angeordnet. Alle Moleküle sind räumlich gleichartig ausgerichtet, d. h., ihre Achsen liegen parallel zueinander. Bedingt durch diese Regelmäßigkeit, verhält sich das Kristall wie ein riesiges Molekül. Sobald die Röntgenstrahlen auf das Kristall auftreffen, werden sie entsprechend der spezifischen

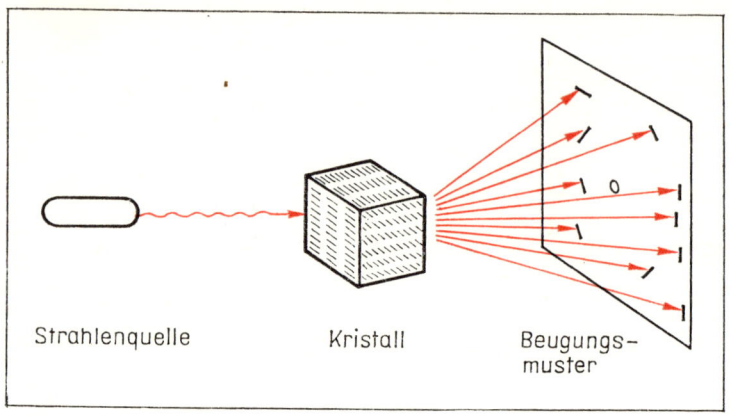

Strahlenquelle   Kristall   Beugungs-
muster

Abb. 14   Prinzip der Röntgenstrukturanalyse
Das Verfahren beruht auf der Streuung der Röntgenstrahlen an den Elektronenhüllen von Kristallatomen. Die Auswertung der photographisch festgehaltenen Beugungs- bzw. Interferenzmaxima ermöglicht die Ableitung von Kristallsymmetrie, Gitterkonstanten, Atomabständen und Valenzwinkeln in Molekülen, so daß die Struktur komplexer Moleküle hergeleitet werden kann.

räumlichen Struktur abgelenkt (Abb. 14). Auf einer photographischen Platte lassen sich daher spezifische Diffraktionsmuster abbilden. Aus der Art des Musters kann auf die dreidimensionale Struktur geschlossen werden. Anfänglich klärten die Braggs die Struktur vom Bergkristall und vom Diamant auf. Danach gelang die Strukturaufklärung des Keratins, des Proteins, aus dem die Haare gebildet werden. Der spektakuläre Höhepunkt des Erfolges dieser Methode war zweifellos die Herleitung der exakten dreidimensionalen Struktur der eng verwandten Proteine Hämoglobin und Myoglobin durch J. Kendrew und M. Perutz in den 50er und frühen 60er Jahren. Perutz und Kendrew konnten u. a. die exakte Lage und die Struktur des aktiven Zentrums vom Hämoglobin aufklären. Dieses aktive Zentrum ist ein flacher Ring von Atomen, der als Hämgruppe bezeichnet wird und an dem der Sauerstoff gebunden wird, so daß er von den Hämoglobinen und Myoglobinen transportiert werden kann. Die Ergebnisse, für die Kendrew und Perutz 1962 mit dem Nobelpreis für Chemie geehrt wurden, demonstrierten eindrucksvoll die Bedeutung der exakten dreidimensionalen Struktur für das Verständnis der Funktion dieser biologischen Moleküle. Sowohl diese Ergebnisse als auch die Fülle methodischer Verbesserungen erwiesen sich als außerordentlich bedeutsam für die Analyse der dreidimensionalen Struktur der Nukleinsäuren, an der etwa zur gleichen Zeit am Kings College in London M. Wilkins und Rosalind Franklin gemeinsam arbeiteten. Beide Gruppen standen in engem Kontakt und profitierten voneinander. Als Anfang der 50er Jahre J. D. Watson in Cambridge auf Perutz' Mitarbeiter F. Crick traf, bahnte sich die Fusion der unterschiedlichen Denkschulen an und führte in relativ kurzer Zeit auf eine ganz ungewöhnliche Weise zur inzwischen legendären Entdeckung der DNS-Doppelhelix.

Die biochemische Schule der Genetik

Wie kontrollieren die Gene das biochemische Geschehen in lebenden Zellen? Wie üben Gene ihre Funktion aus? Welche Beziehung besteht zwischen dem genetischen Programm eines Lebewesens, das von Generation zu Generation nahezu unverändert weitergegeben wird, und dem Stoffwechsel der Organismen? Diese Fragen beherrschten die Wissenschaftler, die man heute der biochemischen Schule der Genetik zurechnet.

Schon sehr bald nach der Wiederentdeckung der Mendelschen Gesetze durch Correns, de Vries und Tschermak zu Beginn des 20. Jahrhunderts wurde die Frage gestellt, wie Gene funktionieren und spezifische Merkmale kontrollieren. Obwohl im Zeitraum zwischen 1905 und 1925 viele Genetiker, darunter so herausragende wie H. J. Muller, S. Wright, J. B. S. Haldane und R. Goldschmidt, postulierten, daß Gene auf eine bisher unbekannte Art und Weise den zellulären Metabolismus kontrollieren, zeigte sich keine experimentelle Strategie zur Analyse dieser so entscheidenden Frage. Die wesentlichen Ursachen hierfür liegen wohl darin, daß in diesem Zeitabschnitt weder die genetischen Techniken noch die biochemischen Verfahren ausreichten, um solch komplizierte Probleme experimentell angehen zu können. Erst Ende der 30er Jahre eröffneten Beadle und Tatum durch die kluge Auswahl eines mikrobiologischen Forschungsobjektes den experimentellen Weg. Der von ihnen gewählte Schimmelpilz *Neurospora* hatte entscheidende Vorteile gegenüber Objekten wie *Drosophila*: Er läßt sich leicht kultivieren, hat eine kurze Generationsdauer und eine hohe Populationsdichte. Durch diese Vorteile ist die Isolierung biochemischer (metabolischer) Mutanten möglich. Darüber hinaus bewirkt der haploide Zustand (nur ein Chromosomensatz im Gegensatz zu diploiden Organismen), daß die Wirkung mutierter Gene direkt zur phänotypischen Expression kommt. Mit Hilfe mutagener Strahlung isolierten Beadle und Tatum eine Fülle von Stoffwechselmutanten, die sie anschließend genetisch charakterisierten. Dabei zeigte sich, daß die verursachte Blockierung im Stoffwechselweg direkt mit der Segregation der mutierten Gene korreliert. Ihre überzeugenden Ergebnisse bildeten das Fundament für die Vermutung, jedes Gen bestimme das Vorhandensein eines spezifischen Enzyms. So entstand die weitreichende und tragfähige »Ein-Gen-ein-Enzym«-Hypothese. Sicher wären für diese Arbeiten bereits damals Bakterien die besseren Objekte gewesen, denn sie wachsen schneller, sind noch einfacher zu handhaben und erreichen Populationsdichten von mehreren Milliarden Individuen pro Milliliter Nährlösung. Dies erkannte Tatum, und er ließ sich aus der Abteilung Bakteriologie der kalifornischen Stanford-Universität einen *E.-coli*-Stamm geben, den er zur Isolierung auxotropher Bakterienstämme (Mutanten mit zusätzlichen Nährstoffbedürfnissen) verwendete. Dieser *E.-coli*-Stamm K12 sollte bald zum Stammvater all der unzähligen K12-Varianten werden, die später in aller Welt isoliert und charakterisiert wurden. Daß dieser K12-Stamm trotz der offensichtlichen Vorteile gegenüber *Neurospora* dennoch nicht das Objekt für die Experimente wurde, die zur Aufstellung der »Ein-Gen-ein-Enzym«-Hypothese führten, hat eine simple Erklärung: Genetische Analysen erfordern den Transfer von Genvarianten zwischen unterschiedlichen Individuen. Dies schien damals bei *E. coli* unmöglich, denn Bakterien sind asexuelle Organismen und vermehren sich durch Zweiteilung. Erst als der junge J. Lederberg, ein späterer Mitarbeiter von Tatum, parasexuelle Mechanismen bei *E.-coli*-K12 entdeckte, war der entscheidende Schritt getan, der es ermöglichte, daß *E. coli* zum Standardobjekt der Mikrobengenetik und Molekularbiologie aufstieg. Doch zurück zur weitreichenden »Ein-Gen-ein-Enzym«-Hypothese von Beadle und Tatum. Die experimentelle Grundlage für diese epochale Hypothese bestand in der Beobachtung, der Ausfall eines Gens infolge einer Mutation führe zum Ausfall eines charakteristischen Enzyms. War die Mutation in ihrer Auswirkung weniger drastisch, so wurde durch ein verändertes Gen ein verändertes Enzym gebildet, das weniger effektiv in seiner Funktion war als das unveränderte Enzym. Dieser Zusammenhang zwischen Gen und Enzym war aber gar nicht so neu. Bereits vierzig Jahre zuvor hatte der englische Mediziner Sir Archibald Garrod erkannt, bestimmte vererbbare Krankheiten des Menschen seien durch den Ausfall spezifischer Enzyme bedingt. So fehlen z. B. beim Albinismus die Pig-

mente in der Haut, in den Haaren und in den Augen. Oder bei
einer anderen, harmlosen Erbkrankheit, der Alkaptonurie, fehlt
ein Enzym des Phenylalanin-Tyrosin-Stoffwechsels, so daß die
Homogentisinsäure als Zwischenprodukt nicht mehr abgebaut
werden kann und mit dem Harn vermehrt ausgeschieden wird.
Dies führt dazu, daß sich der Harn nach längerem Stehen tief
schwarz färbt.

In seinem Buch »Inborn errors of metabolism« schreibt Garrod
1923, die Erkrankung sei bereits seit vielen Jahrhunderten bekannt. Er erwähnt drei historische Darstellungen dieses Phänomens aus den Jahren 1584, 1609 und 1649. Besonders anschaulich
ist der 1649 publizierte Bericht von Lustianus[4]: »Der Patient war
ein Junge, der schwarzen Urin ausschied und der im Alter von
14 Jahren einer drastischen Behandlung unterzogen worden war,
die den Zweck hatte, die fiebrige Hitze der Eingeweide zu sen-
ken, von der man annahm, daß sie den Zustand durch Entleerung
und Schwärzung der Galle hervorrufe. Unter anderem waren ver-
ordnet: Aderlässe, Bäder, kalte und flüssige Diät und reichlich
Arzneimittel. Nichts hatte einen deutlichen Effekt, und möglicher-
weise entschloß sich der Patient unter dem Eindruck der mas-
siven, aber nutzlosen Therapie, den Dingen ihren natürlichen Lauf
zu lassen. Keines der vorhergesagten Ereignisse trat ein. Er hei-
ratete, bekam eine große Familie und lebte ein langes gesundes
Leben, wobei er immer einen Urin, schwarz wie Tinte, entleerte.«
Garrod begnügte sich nicht mit der Beschreibung und biochemischen Analyse dieses Phänomens, sondern er stellte die fundamentale Frage: »Wodurch wird dieser Block im Stoffwechsel verursacht?« Mit der Hilfe von William Bateson, einem der bedeu-
tendsten Genetiker zu Beginn des 20. Jahrhunderts, analysierte
er die Familiengeschichte der betroffenen Personen und konnte
eindeutig nachweisen, es handelt sich bei der Alkaptonurie um
eine vererbbare Krankheit! Der genetisch bedingte, rezessiv wir-
kende Defekt wurde nach den von Mendel entdeckten Ver-
erbungsregeln von Generation zu Generation weitergegeben.
Garrod hat an diesem Beispiel erstmalig nachgewiesen, daß die
Mendelschen Gesetze auch für den Menschen gelten. Noch be-
deutsamer muß Garrods Schlußfolgerung erscheinen, die von
Mendel postulierten Erbfaktoren hätten einen direkten Einfluß
auf den Stoffwechsel des Körpers und kontrollierten die Synthese
bzw. den Abbau von Stoffwechselprodukten. Die Abb. 15 veran-

Abb. 15   Die »Ein-Gen-ein-Enzym«-Beziehung am Beispiel des Phenylalanin-
Abbaus

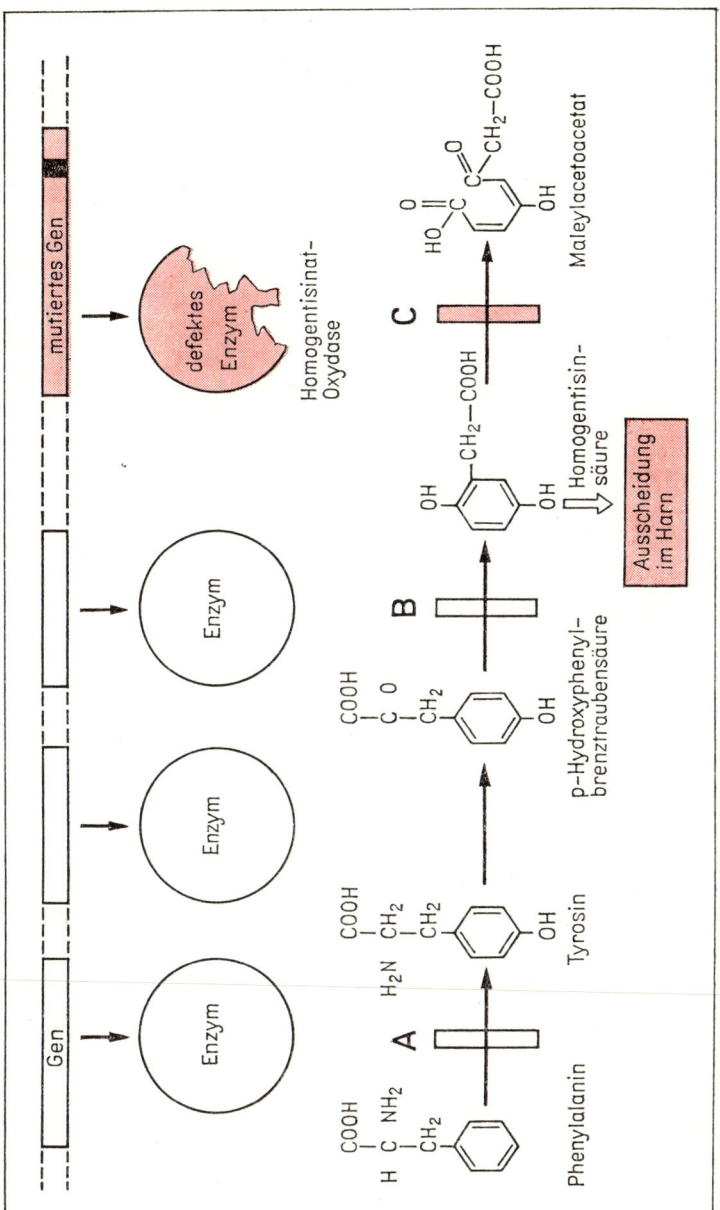

schaulicht die »Ein-Gen-ein-Enzym«-Beziehung am Beispiel dieser bereits 1909 von Garrod ausführlich beschriebenen Erbkrankheit Alkaptonurie. Der Abbau von Phenylalanin ist durch das Fehlen des dritten Enzyms der Homogentisinsäureoxydase blockiert und führt zur Anreicherung der Homogentisinsäure.

Garrods Erkenntnissen war jedoch das gleiche Schicksal beschieden wie Mendels Entdeckung. Beide mußten erst nach Jahrzehnten wiederentdeckt werden, ehe man ihre überragende Bedeutung erkannte. Die Herleitung der »Ein-Gen-ein-Enzym«-Beziehung gelang Beadle und Tatum am California Institute of Technology, wo sie ihre Ergebnisse im Sommer 1940 vorstellten. Zur gleichen Zeit und auf derselben Etage arbeitete M. Delbrück mit Bakteriophagen. Die Weiterentwicklung der klassischen Genetik hin zur Molekularbiologie bahnte sich am Caltech an. Die Aufstellung des Watson-Crick-Modell der DNS im Jahre 1953 wird oft als die Fusion dreier völlig unterschiedlicher Forschungsstrategien bezeichnet, die man heute im nachhinein als die informatorische, die strukturalistische und die biochemische Schule der Genetik bezeichnen kann. Deckt man die Wurzeln dieser unterschiedlichen Schulen auf, so wird sichtbar, wie am Caltech die Vertreter der informatorischen und der biochemischen Schule der Genetik bereits Tür an Tür arbeiteten. Als dann J. D. Watson, eines der Mitglieder der noch kleinen Phagengruppe, aufs engste vertraut mit den Denkweisen der informatorischen und biochemischen Schule, nach Europa ging und seine Zusammenarbeit mit F. Crick in Cambridge begann, dem Zentrum der strukturalistischen Schule, wird im nachhinein verständlich, wieso auf so ungewöhnliche Weise die richtige Struktur der DNS durch Watson und Crick postuliert werden konnte.

Der Durchbruch:
Fusion von drei Denkschulen

Indem sie aus einer unübersichtlichen und verwirrenden Datenfülle die wenigen entscheidenden Fakten heraussuchten und mit Hilfe von Karton- und Drahtmodellen die molekulare Struktur der DNS postulierten, gelang Watson und Crick im Jahre 1953 eine der folgenreichsten Entdeckungen unseres Jahrhunderts. Die ungewöhnliche Art und Weise dieser Entdeckung beschreibt Watson recht salopp und höchst unkonventionell in seinem Buch »Die Doppelhelix«, dessen Erscheinen auf dem amerikanischen Buchmarkt zu einer Sensation führte, jedoch auch einen Skandal unter den amerikanischen Wissenschaftlern hervorrief. Der Begleittext zur deutschen Ausgabe läßt erahnen, warum Inhalt und Form so umstritten sind:[5] »Das Buch über die Erforschung der Molekülstruktur einer Säure, deren Name, sieht man vom Kreis der Fachmänner ab, kaum jemandem bekannt war, wurde über Nacht zum Bestseller. Denn das, was die britische Fachzeitschrift ›einen der faszinierendsten wissenschaftlichen Essays des Jahrhunderts‹ nannte, ›würdig vielleicht sogar eines Nobelpreises für Literatur‹, ist nicht nur ein glänzend geschriebenes Buch. Es liefert den Beweis, daß man über wissenschaftliche Forschung genauso atemberaubend schreiben kann wie über einen Fall aus den Akten von Scotland Yard. Vor allem aber – und das trieb nicht wenige unter den Kollegen Watsons auf die Barrikaden – wird in ihm endgültig mit einem Klischee aufgeräumt, dessen Entlarvung seit langem überfällig war: mit dem Klischee von der todernst-verbissenen Arbeit weißbekittelter Wesen, die in der Einsamkeit des Laboratoriums mit übersteigerter Zielstrebigkeit den unerforschten Gesetzen der Natur nachjagen. Mit einer bei seinen Fachkollegen in der Tat ungewöhnlichen Freimütigkeit berichtet Watson über die Hintergründe jener Entdeckung, die ihm Weltruhm brachte. Er versteht es, dem Leser mehr als einen oberflächlichen Eindruck von der Faszination des Kampfes um die Aufklärung der DNS-Struktur zu vermitteln und ihm gleichzeitig ein lebendiges Bild von den erstaunlich unwissenschaftlichen Schwierigkeiten zu zeichnen, die einer solchen Aufklärung im Wege standen, von den kleinen Tricks, mit denen man seinen Konkurrenten zuvorkommt, und von den ganz und gar unseriösen Abenteuern, in denen der genialistische Junggelehrte Inspiration für seine wissenschaftliche Großtat fand.« Wer je erfahren hat, wie ernsthafte Wissenschaft betrieben wird, weiß natürlich, daß die in diesem Text geäußerte Behauptung, Watsons Buch räume endgültig mit einem lange überfälligen Klischee auf, einfach nicht stimmt. Gute Wissenschaft erfordert neben ausreichender Intelligenz und Kreativität natürlich auch Ausdauer, Willenskraft und großen Fleiß. Sorgfältige und aufwendige experimentelle Arbeit ist in der Regel die Basis für neue Erkenntnisse. Darüber hinaus erfordert eine niveauvolle Wissenschaft den direkten Kontakt mit den führenden Wissenschaftlern aus dem jeweiligen Fachgebiet. Vieles davon ist Watson und Crick zu bescheinigen: Intelligenz, Kreativität, Besessenheit, der direkte Kontakt mit den führenden Wissenschaftlern. Dennoch ist die Art und Weise, wie sie ihre epochale Entdeckung machten, völlig untypisch! Daß eine Art Puzzlespiel mit Papp- und Drahtmodellen zu einer Jahrhundertentdeckung führt, wird sich nicht so schnell wiederholen. Daß dieser höchst ungewöhnliche Weg zum Erfolg führte, ist nur zu verstehen, wenn man den historischen Hintergrund berücksichtigt und den wissenschaftlichen Werdegang der beiden Wissenschaftler sieht. Watson kam als Mitglied der Phagengruppe nach Cambridge, aufs engste vertraut mit der Denkweise der informatorischen Schule und auch mit Erkenntnissen der biochemischen Schule der Genetik. Seine Mentoren waren Luria und Delbrück, die Begründer der Phagengruppe! Crick arbeitete unter M. Perutz im Zentrum der von den Braggs begründeten und von Perutz und Kendrew weiterentwickelten wissenschaftlichen Schule, die hier als strukturalistische Schule bereits vorgestellt wurde. Die Entdeckung der DNS-Doppelhelix kann als der Schnittpunkt mehrerer wissenschaftlicher Wege bezeichnet werden. Perutz hat die ungewöhnlichen Umstände, die zur Entdeckung der DNS-Doppelhelix führten, folgendermaßen geschildert:[6] »Die Leute rümpfen über Jims Buch die Nase, weil sie meinen, er habe in Cambridge nur Tennis gespielt und mit den Mädchen geflirtet. Aber gerade das war der entscheidende Punkt. Ich habe Jim oft beneidet. Mein wissenschaftliches Problem verschlang Tausende von Stunden harter Arbeit, von Messungen und Berechnungen. Ich dachte oft, es müsse irgendeine elegante, einfache Lösung geben. Doch es gab sie nicht. Für Jims Problem gab es diese elegante Lösung, und das war es, was ich bewunderte. Er fand sie, teilweise weil er nie harte Arbeit mit gründlichem Nachdenken verwechselte. Er weigerte sich stets, das eine durch das andere zu ersetzen. Natürlich hatte er Zeit für Tennis und Mädchen.« Gewiß waren die Umstände der Entdeckung der DNS-Doppelhelix-Struktur ausgesprochen ungewöhnlich. Doch muß der subjektive Faktor bei Watsons Darstellung sehr groß sein und vielleicht auch verzerrend wirken – anders ist die Verärgerung nicht zu erklären, mit der F. Crick reagierte, als er den Entwurf des Buches gelesen hatte. Er schrieb Watson einen mehrseitigen, vernichtenden Brief, den er gleichzeitig an andere Wissenschaftler sandte. Darin ist unter anderem zu lesen:[7] »Solltest Du weiterhin darauf bestehen, das Buch als Wissenschaftsgeschichte zu betrachten, so sollte ich hinzufügen, daß es eine naive und selbstsüchtige Ansicht widerspiegelt, die darüber hinaus kaum glaubwürdig ist . . . Deine Geschichtsauffassung entspricht derjenigen, die man in zweitklassigen Frauenmagazinen findet.« Crick soll eine Zeitlang mit dem Gedanken gespielt haben, eine Gegendarstellung zu schreiben unter dem Titel »Die lockere Schraube«. Watson hatte sein Buch mit dem Satz eingeleitet: »Ich habe Francis nie bescheiden gesehen. Mag sein, daß er es in Gesellschaft anderer Leute ist – ich jedenfalls hatte nie Gelegenheit, diese Eigenschaft an ihm festzustellen.« Um sich hierfür zu revanchieren, wollte Crick sein Buch mit einem vergleichbaren Satz beginnen: »Jim war stets unbeholfen mit seinen Händen. Man brauchte ihm nur beim Schälen einer Orange zuzuschauen . . .« So interessant die Umstände der ungewöhnlichen, die Biologie völlig verändernden Entdeckung auch sein mögen, in diesem Buch soll darauf nicht näher eingegangen werden. Dennoch muß hervorgehoben werden, die Aufstellung des DNS-Modells war eine entscheidende Voraussetzung, die den Aufstieg von E. coli zum molekular am besten verstandenen Lebewesen ermöglichte. (Abb. 16 veranschaulicht das Modell der DNS-Doppelhelix.) Die DNS bildet eine recht einfach erscheinende Struktur aus zwei umeinandergewundenen Ketten. Die Glieder, aus denen die Ketten zusammengesetzt sind, werden als Nukleotide bezeichnet. Die genetische Information wird durch die spezifische Abfolge der vier verschiedenen Nukleotide vermittelt. Die beiden umeinandergewundenen Ketten enthalten die einander komplementären Nukleotidsequenzen. Dies hat den enormen Vorteil, daß bei einer Beschädigung einer DNS-Kette – und dies

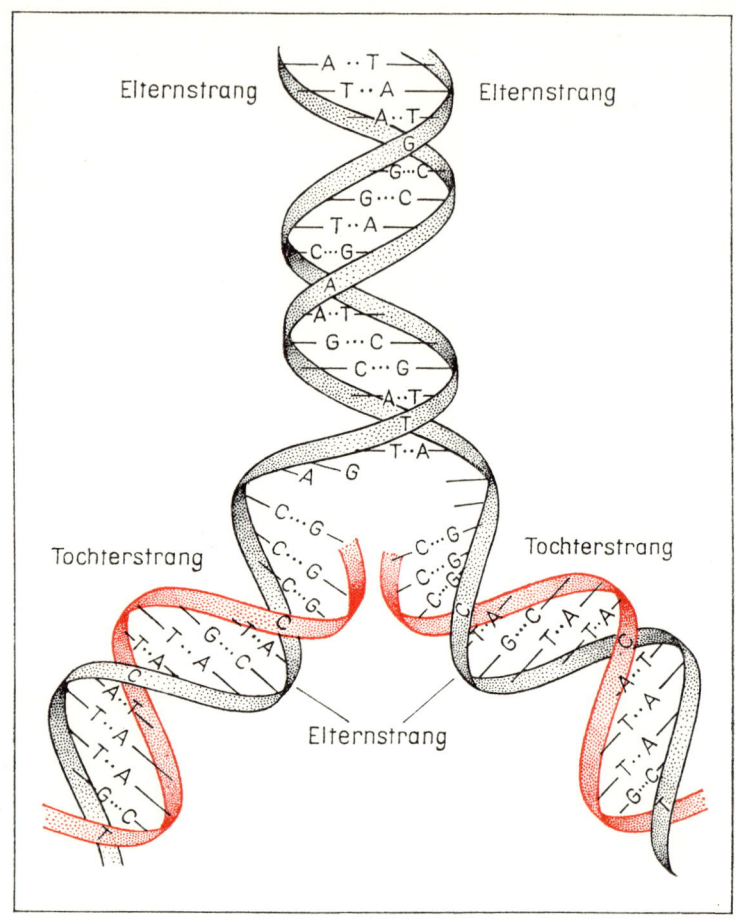

Abb. 16   Schematische Darstellung der DNS sowie ihrer Verdopplung
Der elterliche DNS-Doppelstrang wird mit Hilfe von Enzymen entwunden,
so daß an die beiden Einzelstränge jeweils ein komplementärer Tochterstrang
(rot) ansynthetisiert werden kann.

passiert recht häufig – die genetische Information auf dem gegen-
überliegenden Strang noch intakt vorhanden ist. Dies gestattet die
Reparatur spontaner oder induzierter Fehler an der DNS. Darüber hinaus ermöglicht die Struktur der DNS-Doppelhelix eine
einfache Verdopplung der genetischen Information, indem die

beiden Stränge entwunden werden, um an den nunmehr entwundenen DNS-Einzelsträngen neue Stränge anzusynthetisieren. Dies ist die Grundlage für die Reproduktion von Zellen und Lebewesen.

Mikrobengenetik – Molekularbiologie – Gentechnologie

Die Postulierung der DNS-Doppelhelix im Jahre 1953 führte schlagartig zur Formulierung sehr präziser und fundamentaler Fragen und Vorstellungen, die es experimentell zu überprüfen galt. Ein markantes Beispiel hierfür ist der Mechanismus der Verdopplung der genetischen Information, der als DNS-Replikation bezeichnet wird. Die Annahme, die umeinandergewundenen DNS-Stränge seien komplementär, legte einen einfachen Mechanismus der DNS-Replikation nahe: Nach Auftrennung der beiden Ketten könnte jeder DNS-Einzelstrang als Matrize für die Synthese eines neuen komplementären Stranges dienen, so daß zwei Doppelhelix-Moleküle entstehen, die mit der Eltern-DNS identisch sind (Abb. 16). Diese als semikonservativ bezeichnete Art der Replikation wurde 1958 von Meselson und Stahl an *E. coli* experimentell bestätigt. Doch nicht nur für die experimentelle Aufklärung der DNS-Replikation diente *Escherichia coli* als das bevorzugte Forschungsobjekt, sondern auch für die Lösung vieler weiterer fundamentaler Fragen: Wie sind die Gene strukturiert? Wie ist die genetische Information verschlüsselt? Wie erfolgt die Expression der genetischen Information? Wie entstehen Mutationen? Wie wird die Aktivität der Gene reguliert? Für die Lösung all dieser Fragen wurde in den folgenden zwei Jahrzehnten immer wieder auf *E. coli* als das am besten geeignete Forschungsobjekt zurückgegriffen. Warum aber gerade *E. coli* und nicht irgendein anderer Mikroorganismus? Die Erklärung für diesen Sachverhalt liegt in einer Entdeckung, die J. Lederberg und E. Tatum im Jahre 1946 an *E. coli* machten: Durch einen parasexuellen Vorgang, der als Konjugation bezeichnet wird, sind *E.-coli*-Bakterien in der Lage, untereinander genetisches Material auszutauschen. Dieser überraschende Befund eröffnete den Weg für genetische Analysen, die ohne solche Austauschvorgänge undenkbar sind. Die Konjungation wird bei *E. coli* durch einen extrachromosomalen Faktor ermöglicht, den sogenannten Fertilitätsfaktor, der in die Klasse der Plasmide gehört. Plasmide sind Zusatzchromosomen der Bakterienzelle, die zwar nicht essentiell für das Überleben der Bakterien sind, ihnen aber bei bestimmten Umweltbedingungen einen beträchtlichen Selektionsvorteil gegenüber plasmidfreien Stämmen verschaffen. Die Resistenzplasmide sind z. B. eine Klasse von Plasmiden mit außerordentlicher medizinischer Bedeutung, da sie den Bakterien die Resistenz gegenüber bestimmten Antibiotika verleihen, so daß eine Therapie schwierig wird. Es ist heute eine ungemein große Anzahl unterschiedlicher Plasmide bekannt, und man weiß, daß sie als natürliche Vektoren für den Gentransfer dienen und den Bakterien eine beträchtliche evolutionäre Flexibilität verleihen. Im Jahre 1946 ahnte man sicher kaum etwas von dieser enormen Bedeutung der Plasmide. Entscheidend war jedoch der Befund, daß F-Plasmid-haltige Bakterien einen Gentransfer zwischen unterschiedlichen Individuen ermöglichten und somit den Weg für eine genetische Analyse mutierter Bakterien eröffneten. Wenige Jahre später entdeckten Zinder und Lederberg zuerst bei *Salmonella typhimurium* und bald darauf auch bei *E. coli* eine weitere Möglichkeit des Gentransfers, die als Transduktion bezeichnet wurde.

Hierbei wird ein Stück der bakteriellen DNS in Bakteriophagen verpackt und von diesen in die nächste Bakterienzelle injiziert. Die Transduktion bereicherte die Möglichkeit einer sorgfältigen genetischen Analyse ganz entscheidend. Neben diesen beiden Varianten eines natürlichen Gentransfers war mit der Transformation bereits eine weitere Variante des Gentransfers bekannt. Unter Transformation versteht man den Transfer nackter DNS-Bruchstücke in intakte Zellen. So etwas kann sich sowohl unter natürlichen Bedingungen ereignen als auch im Labor für genetische Analysen genutzt werden. Mit dieser Transformation konnte 1944 durch Avery, MacLeod und McCarthy eindeutig gezeigt werden, daß die DNS und nicht die Proteine Träger der genetischen Information sind.

Konjugation, Transduktion und Transformation – mit diesen drei Verfahren begann der Siegeszug der Mikrobengenetik! Einige der bahnbrechenden Experimente sollen in diesem Buch anschaulich und auch für den Laien nachvollziehbar dargestellt werden. So wurde *E. coli* Schritt um Schritt zum heute molekular wohl am besten analysierten lebenden System. Aus der Mikrobengenetik entwickelte sich die Molekularbiologie, die neben genetischen

Methoden biochemische und physikalische Verfahren nutzt, um die Phänomene des Lebens molekular zu analysieren. Schließlich eröffnete sich durch die Entdeckung der Restriktionsenzyme Anfang der 70er Jahre schlagartig eine neue experimentelle Strategie, die sowohl die Grundlagenforschung als auch die praxisorientierte Forschung revolutionierte: DNS-Fragmente aus beliebigen Organismen konnten im Reagenzglas miteinander fusioniert und mit Hilfe geeigneter Vektoren (Plasmide oder Phagen) in beliebige Zellen transferiert werden.

Die Gene höherer Organismen, die sich bisher wegen der ungeheuren Komplexität der genetischen Programme von Pflanze, Tier und Mensch einer detaillierten molekularbiologischen Analyse entzogen hatten, ließen sich in Bakterien transferieren. Das gesamte Methodenreservoir, das vor allem an *E. coli* entwickelt worden war, ließ sich nun für die Analyse komplexer Gene aus höheren Organismen nutzen. So wurde *E. coli* zum Wirt für die Vermehrung beliebiger Gene, was auch den Weg zur biotechnologischen Nutzanwendung eröffnete und eine neue industrielle Revolution einleitete. *E. coli* wurde somit zur biotechnologischen Fabrik, die in großen Mengen medizinisch und ökonomisch wertvolle Enzyme produzieren kann, z. B. Insulin, Impfstoffe, Interferone und Hormone.

Obwohl immer wieder betont wird, *E. coli* sei heute das molekular am besten analysierte Lebewesen, muß noch ein beträchtlicher Weg zurückgelegt werden, ehe man das Bakterium in den genetischen und biochemischen Einzelheiten verstanden haben wird. Dies mag ein simples Beispiel veranschaulichen: 1964 wurde die erste Genkarte von *E. coli* publiziert, die auf einem ringförmig geschlossenen Chromosom die Lage von 99 Genen zeigte. Jahr für Jahr wurden nachfolgend neue Gene identifiziert, so daß man bis zum heutigen Zeitpunkt gut 1 000 lokalisiert hat. *Escherichia coli* besitzt jedoch schätzungsweise 3 000 Gene! Das Chromosom, auf dem diese 3 000 Gene liegen, umfaßt etwa 3 Millionen DNS-Basenpaare. Davon ist erst ein Bruchteil der DNS-Sequenz aufgeklärt worden. So ist *Escherichia coli* bis zum heutigen Zeitpunkt immer noch ein bevorzugtes Forschungsobjekt, an dem durch das enorme Vorwissen die diffizilsten Probleme untersucht werden können.

Der große Wurf: Beginn der modernen Phagenforschung (1939)

Das wissenschaftliche Problem

Am 8. Februar 1937 schrieb Delbrück einen Brief an den amerikanischen Genetiker T. H. Morgan, der bereits zu dieser Zeit als Begründer der Chromosomentheorie der Vererbung einen legendären Ruf hatte und wenige Jahre später dafür mit dem Nobelpreis ausgezeichnet werden sollte. Delbrück stellte sich mit den folgenden Worten vor:[8] »Ich bin als theoretischer Physiker ausgebildet worden, habe aber in den letzten fünf Jahren, einer Anregung von Professor N. Bohr folgend, so viel über Genetik und Biochemie gelernt, daß ich in solchen Diskussionen helfen könnte, die eine gute Kenntnis der Atomtheorie verlangt . . .« Als Delbrück diesen Brief schrieb, hatte man ihm bereits ein zweites Rockefeller-Stipendium in Aussicht gestellt. Delbrücks Interessen deckten sich in glücklicher Weise mit den Interessen der Rockefeller-Stiftung, die schon seit 1933 die Absicht verfolgte, Projekte auf den Gebieten der Mathematik, Physik und Chemie zu fördern, die Fortschritte in die Biologie bringen könnten. Dieses Programm wird entscheidend durch den Leiter der naturwissenschaftlichen Abteilung der Rockefeller-Stiftung, Warren Weaver, geprägt, dem auch das Verdienst gebührt, als erster den Begriff Molekularbiologie eingeführt zu haben. Ein Vertreter der Rockefeller-Stiftung hatte Delbrück 1936 aufgesucht und ihm vorgeschlagen, ein Stipendium für einen mehrmonatigen Aufenthalt in London bei dem Begründer der Theoretischen Populationsgenetik, R. A. Fisher, anzunehmen und dort über die Mechanismen der natürlichen Selektion zu arbeiten. Delbrück nutzte diese Chance einer Finanzierung und teilte nach brieflicher Rücksprache mit N. Bohr dem Vertreter der Rockefeller-Stiftung die folgende Ab-

57

Abb. 17   Max Delbrück

sicht mit:[9] »Ich dachte, wenn ich weiter über Mutationen arbeiten will, dann sollte ich gleich nach Amerika gehen, wo die Hauptarbeit geleistet wird. Vor allem würde es mir sehr helfen, wenn ich einige Zeit in Pasadena sein könnte, um von T. H. Morgan und seinen Mitarbeitern etwas zu lernen.« Mit dem gewährten Stipendium wurden Delbrücks Möglichkeiten ganz entscheidend verbessert, sich der Herausforderung von N. Bohr zu stellen, denn der USA-Aufenthalt ermöglichte den direkten Kontakt mit den führenden Genetikern. Völlig unklar war jedoch, welche konkrete Forschungsstrategie einen Zugang zur Lösung der fundamentalen Probleme bringen konnte. Als er im September 1937 mit dem Schiff in New York eintraf, war er sofort begeistert von der herrlichen Stadt und der Atmosphäre. Doch im Verlauf der geplanten Reise zu mehreren genetisch ausgerichteten Forschungsgruppen wich die Begeisterung einer Phase tiefer Niedergeschlagenheit. Bei seinem Besuch in Cold Spring Harbor, wo M. Demerec eine sehr anerkannte *Drosophila*-Forschung betrieb, erkannte er schnell, daß

58

die laufenden Arbeiten zur Genetik der Fruchtfliege *Drosophila* wenig geeignet waren, um seine physikalisch orientierten Ideen umzusetzen. Dieser Eindruck bestätigte sich auch nach dem folgenden Besuch im November 1937 bei dem deutschen *Drosophila*-Genetiker Curt Stern in Rochester. Die dort betriebenen Experimente zielten auf die noch unbekannte Struktur der Gene. Delbrück hatte jedoch seine anfänglichen Interessen bereits verlagert zur zentralen Frage, wie sich Gene reproduzieren, d. h. verdoppeln. Viel versprach er sich daher von seinem Besuch bei Eendell Stanley in Princeton, dem 1936 erstmalig die Kristallisierung eines Virus gelungen war. Da sich Moleküle kristallisieren lassen, lag die Vermutung nahe, daß ein Virus ein »lebendes Molekül« ist. Für den Genetiker J. H. Muller, der 1927 Mutationen durch Strahlen induziert hatte und dafür 1946 den Nobelpreis erhalten sollte, war die Kristallisation des Tabakmosaikvirus durch Stanley der Beweis, Virus und Gen seien dasselbe und daher die Viren die lange gesuchten einfachen Systeme, um zu erforschen, auf welche Art und Weise sich Lebewesen reproduzieren. Was lag daher näher für Delbrück, als Stanley auf seiner Rundreise zu besuchen, um herauszufinden, ob man mit den Viren die zentralen Rätsel des Lebens lösen könnte. Noch kurz vor seiner Abreise nach Amerika hatte er N. Bohr eine Niederschrift über das »Rätsel des Lebens« geschickt, in der er diskutiert, welche Bedeutung die neuen Ergebnisse der Virusforschung für eine Klärung der fundamentalen Phänomene des Lebens haben können. In seiner Niederschrift hatte er Bohr auch mitgeteilt, er habe sich für seine beabsichtigten Forschungen zur Genvermehrung die Verse als Motto gewählt, mit denen Theodor Fontane den Maler Adolf Menzel einstmals charakterisiert hatte:

»Gaben, wer hätte sie nicht.
Talente, Spielzeug für Kinder,
Erst der Ernst macht den Mann,
Erst der Fleiß das Genie.«

So begab er sich mit hohen Erwartungen zu Stanley nach Princeton, doch brachte auch dieser Besuch eine herbe Enttäuschung. Er sah dort, wie schwierig die Arbeiten mit dem Tabakmosaikvirus sind und das Wachstum der Viren quantitativ kaum zu erfassen war. Man mußte den Virus zur Vermehrung in die Tabakpflanze einschleusen und hierzu die Zellen aufbrechen, ohne jedoch die Pflanze zu stark zu beschädigen. Das waren aufwendige Versuche, die darüber hinaus keine quantitativ verwertbaren Daten brachten. Enttäuscht zog er weiter und besuchte die damals schon sehr bekannten Mais-Genetiker Louis Stadler und Barbara McClintock (letztere erhielt 1983 im Alter von 82 Jahren den Nobelpreis für die Entdeckung mobiler genetischer Elemente). Nach Meinung von B. McClintock war der Ansatz der Physiker verfehlt. Sie plädierte dafür, eine »innere Kenntnis« des Untersuchungsobjektes und ein »Gefühl für den Organismus« zu bekommen.

Schließlich traf Delbrück Mitte Oktober 1937 in Pasadena ein, nachdem er nahezu erfolglos 8 000 Meilen gereist war. Morgan schlug vor, Delbrück solle unter Anleitung seines Mitarbeiters Sturtevant über Kopplungen von Genen auf dem vierten Chromosom von *Drosophila* arbeiten. Aber auch hier, inmitten dieser berühmten »Morgan-Schule«, merkte er bald, die Bearbeitung dieses Problems werde ihn keinen Schritt näher an die Lösung des Problems bringen, wie sich Gene verdoppeln. Auch sein Vortrag über die Natur des Gens, den er Ende 1937 vor den Mitgliedern der Morgan-Schule hielt, stieß auf wenig Verständnis. Für die experimentell so versierten *Drosophila*-Genetiker war es wenig überzeugend, von einem Mann, der noch nie ein Experiment gemacht hatte, etwas Wesentliches darüber zu hören, was ein Gen sei und wie es sich verändert. So erschien Anfang 1938 die Situation für Delbrück recht unglücklich, und er teilte dies auch der Rockefeller-Stiftung mit. Der Ausweg aus dieser mißlichen Lage eröffnete sich auf unerwartete und ungewöhnliche Weise: Der Zufall wollte es, daß der Biochemiker Emory Ellis, ebenfalls ein Mitarbeiter am Caltech, kurz zuvor begonnen hatte, mit Viren zu arbeiten, die Bakterien befallen. So besuchte Delbrück sein Kellerlaboratorium und machte dort die Entdeckung seines Lebens. Ellis zeigte ihm, mit welch einfachen Experimenten man quantitative Daten über das Wachstum der Bakterienviren erhalten kann. Delbrück erkannte sofort, daß er mit diesen bakteriellen Viren das System gefunden hatte, mit dem sich die ihn interessierenden Fragen untersuchen lassen. Über seinen ersten Besuch in Ellis Kellerlabor äußerte er sich später:[10] »Ich war absolut überwältigt, daß es so einfache Verfahren gab, mit denen man Viren sichtbar machen konnte. Also, man bringt sie auf eine Platte, auf der sich ein Rasen von Bakterien breit gemacht hat. Am nächsten Morgen hat jedes einzelne Virus ein makroskopisches Loch von etwa einem Millimeter Durchmesser in den Rasen gefressen. Man hielt die Platte einfach gegen das Licht und zählte die Löcher (Plaques). Dies ging selbst über meine wildesten Träume hinaus. Man konnte die einfachsten Experimente mit so etwas wie den Atomen der Biologie machen.« (Abb. 18)

Der Grund, warum Ellis als Biochemiker begonnen hatte, mit

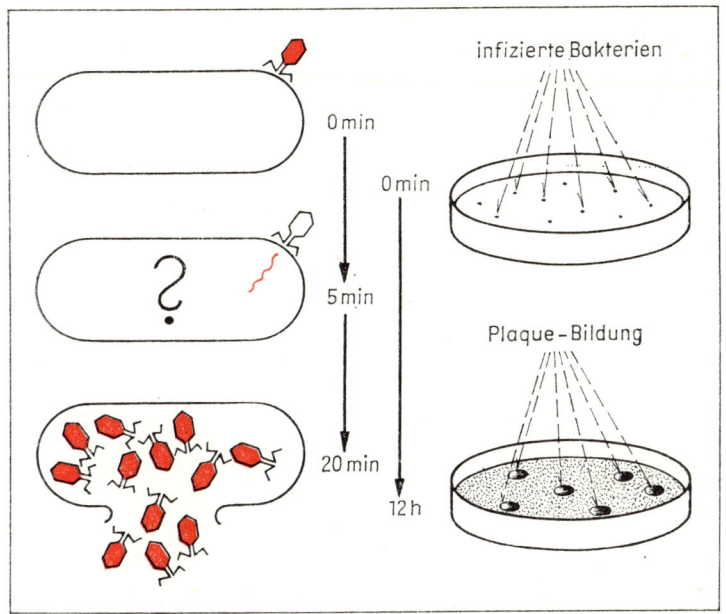

Abb. 18 Prinzip der Phagenvermehrung sowie der Entstehung von Plaques (Löcher) in einem dichten Bakterienrasen

bakteriellen Viren zu arbeiten, war ein ganz anderer. Ellis hatte ein Stipendium erhalten, um die Krebsforschung zu forcieren. Beim Literaturstudium waren ihm interessante Ähnlichkeiten zwischen der Art und Weise aufgefallen, wie ein Virus eine Krankheit verursacht und wie er eine Bakterienzelle befällt. So hoffte er durch das Studium der Virusvermehrung auch mehr über die Prinzipien der Krebsentstehung zu lernen. Er hatte sich deshalb das Bakterium *Escherichia coli* von einem Kollegen aus Los Angeles besorgt und eigenhändig die Viren aus der Kläranlage von Los Angeles isoliert. Delbrück war begeistert von der Art, wie schnell man zu quantitativen Daten über die Virusvermehrung kommen konnte. Er holte sich von Morgan die Zustimmung, sofort mit der *Drosophila*-Genetik aufzuhören, um mit Ellis über die Viren der Bakterien zusammenarbeiten zu können. Im Jahre 1939 erschien die erste Arbeit von Delbrück und Ellis, die anschließend vorgestellt werden soll. Sie symbolisiert den Beginn der modernen Phagenforschung. Doch ehe das entscheidende Experiment geschildert wird, sollen – wie bei allen nachfolgend erläuterten bahnbrechenden Experimenten – der Werdegang und die Persönlichkeit des Wissenschaftlers Delbrück näher dargestellt werden.

Der Wissenschaftler

Es gehört zu den Gepflogenheiten der schwedischen Nobelstiftung, daß die mit dem Nobelpreis geehrten Wissenschaftler nicht nur einen Vortrag über ihren Beitrag zum Fortschritt der Wissenschaften halten, sondern auch eine kurze Darstellung ihres Lebenslaufes geben müssen. Delbrück, der im Jahre 1969 zusammen mit S. Luria und A. Hershey den Nobelpreis erhielt, beginnt bei der Schilderung seines Werdeganges mit den Worten:[11] »Ich wurde am 4. September 1906 in Berlin, in Deutschland, als jüngstes von sieben Kindern geboren. Mein Vater, Hans Delbrück, Professor für Geschichte an der Universität in Berlin, war über viele Jahre Herausgeber und politischer Kolumnist der ›Preussischen Jahrbücher‹. Meine Mutter war eine Enkelin des Chemikers Justus von Liebig.« Aus diesen Sätzen klingt Stolz auf seine intellektuelle Herkunft, und tatsächlich wäre Delbrücks eigenwillige und herausragende Persönlichkeit kaum zu verstehen, würde man nicht in Betracht ziehen, wie sein familiäres Umfeld, in das er hineingeboren wurde, durch eine Vielzahl berühmter Vorfahren geprägt war. Obwohl dies nicht nur Vorteile mit sich brachte. Das läßt sich aus einer Äußerung von Delbrück erkennen:[12] »Der Name Delbrück war ziemlich gut bekannt; eigentlich zu gut für das Wohlergehen eines Knaben, der sich zwiespältig fühlte, weil er zwar sofort als Mitglied dieses Klans erkannt und identifiziert wurde, der aber keine Anerkennung für sich selbst fand.« Zu den berühmten Delbrücks gehört u. a. Berthold Delbrück, Mitbegründer des Studiums indogermanischer Sprachen. Als Max Delbrück geboren wurde, war sein Vater fast sechzig Jahre alt; er kannte ihn nur als weithin berühmten Historiker, und so war sein Verhältnis zum Vater nicht unproblematisch. Seine Empfindungen schwankten zwischen Neid und Bewunderung. Ernst Peter Fischer, einer der letzten Doktoranden Delbrücks (1973–1977), verfaßte eine beeindruckende Biographie und äußerte darin, daß Max Delbrück in seinen Kinderjahren unter der Verehrung litt, die seine Schwestern dem Vater entgegenbrachten. So soll er oft Streit mit dem Vater gesucht haben, was aber, bedingt durch die gütige und tolerante Art von Hans Delbrück, nicht gelingen konnte. Zeitlebens verband ihn ein sehr herzliches Verhältnis mit seiner Mutter. Das harmonische Familienleben gab ihm einen starken Halt und das Gefühl des Geborgenseins nicht nur in den schweren Jahren des ersten Weltkrieges, die auch bei den an sich wohlhabenden Delbrücks durch Hunger und Kälte erschwert waren, sondern ebenso in allen noch folgenden Jahren. Diese prägende Erfahrung familiärer Harmonie mag eine Erklärung dafür sein, warum seine spätere Ehe mit Manny Bruce bei aller wissenschaftlichen Besessenheit für ihn einen so hohen Stellenwert hatte und zum beständigen Kraftquell und Ruhepunkt wurde. Als er 1940 seine Mutter über die Verlobung mit Manny informierte, schrieb sie ihm beglückt und zuversichtlich, bei den Delbrücks seien die glücklichen Ehen erblich.

Für den heranwachsenden Jungen war nicht nur die eigene Familie, sondern auch die in Grunewald lebenden Nachbarn, d. h. die achtköpfige Familie des Theologen Adolf von Harnack und die große Bonhoeffer-Familie, prägend. Die drei Familienväter – alle Professoren an der Berliner Universität – trafen sich an den Sonntagabenden und diskutierten über die politische Lage, wobei nicht nur der junge Max Delbrück, sondern meist mehr als zehn weitere Kinder der drei Nachbarfamilien zuhörten. So übermächtige Vaterfiguren sind nicht unproblematisch, dafür gibt es unzählige Zeugnisse. In diesem Zusammenhang ist die Feststellung in Fischers Biographie interessant, Delbrück sei weder über seinen Vater noch über den Theologen Adolf von Harnack je ein positives Wort über die Lippen gekommen.

Warscheinlich hat das Heranwachsen in der Umgebung berühmter Familienmitglieder und Nachbarn Delbrück dazu geführt, sich bereits als Schüler für ein Gebiet zu interessieren, über das keiner aus seiner unmittelbaren Umgebung etwas wußte: Dies war die Astronomie. Ein Porträt seines damaligen Leitbildes, Johannes Kepler, hing groß über seinem Bett. Sein erstes Teleskop, mit dem er bereits als Schüler manchmal bis zwei Uhr in der Frühe die Sterne beobachtete, baute er sich auf dem einzigen Balkon des Hauses auf, der allerdings nur über das elterliche Schlafzimmer zu erreichen war. Kepler war auch das Thema einer Abschlußrede auf dem Gymnasium 1924, dem Jahr, in dem Delbrück die Abiturprüfung ablegte. So wird verständlich, daß sich Delbrück 1924 an der Universität Tübingen immatrikulierte, um Astronomie zu studieren.

Im Sommer 1926 wechselte er nach Göttingen, das Mitte der 20er Jahre durch Max Born, Wolfgang Pauli und Werner Heisenberg zu einem Zentrum der neuen theoretischen Physik geworden war. Die Faszination, die von der Quantenmechanik ausging, und die Tatsache, mit seiner astronomischen Doktorarbeit nicht zurechtzukommen, machen den endgültigen Wechsel zur theoretischen Physik verständlich. Auf Vorschlag des Physikers Walter Heitler fertigt er eine Doktorarbeit über die quantenmechanische Beschreibung der kovalenten Bindung zwischen Lithiumatomen an, die er 1929 erfolgreich verteidigt, mit der Delbrück jedoch selbst nicht zufrieden war, weil in diesem Problem keine neuen Ideen steckten. Sein Einstieg in die theoretische Physik, die ihm so viele Begegnungen, Bekanntschaften und Freundschaften mit den namhaften Physikern seiner Zeit brachte – N. Bohr, M. Born, W. Pauli, W. Heisenberg, E. Rutherford und E. Teller –, verlief jedoch nicht ohne Mißerfolge. So fiel er wegen mangelnder Vorbereitung 1929 im ersten Anlauf durch die mündliche Doktorprüfung, ehe er sie im folgenden Frühjahr bestand.

Auf Empfehlung seines Lehrers M. Born erhielt er 1930/31 sein erstes Rockefeller-Stipendium, das ihm Aufenthalte in Kopenhagen bei N. Bohr und in Zürich bei W. Pauli ermöglichte. Besonders der Kopenhagener Aufenthalt war von entscheidender Prägung durch die einzigartige Persönlichkeit von N. Bohr. Er erkannte den Wert tiefschürfender und ständiger Diskussionen und den Vorteil einer nahezu familiären Beziehung der Wissenschaftler, die damals aus vielen Ländern der Welt nach Kopenhagen strömten.

Wie folgenreich der Einfluß N. Bohrs auf die Entwicklung von M. Delbrück und damit auch auf die Entstehung der Molekularbiologie war, wurde bereits einleitend geschildert. Weniger erfolgreich verlief der zweite Aufenthalt bei Pauli in Zürich, der ihm vorwarf, zu viel mit seltsamen Ideen herumzuhantieren, kaum zu rechnen und entsprechend wenig herauszubringen (Delbrücks Veröffentlichungsliste weist im Zeitraum von 1928–1932 fünf Veröffentlichungen auf). Vielleicht hat auch dieser Vorwurf und die dadurch verursachte Befürchtung, der sich abzeichnende Weg der theoretischen Physik sei zu schwer für ihn, einen Anteil an seinem Einstieg in die Biologie. Entscheidender dürfte jedoch seine Überzeugung gewesen sein, daß auf dem Gebiet der Biologie noch große Entdeckungen zu erwarten waren.

Das Experiment

Als Delbrück im Labor von Ellis zum ersten Male die scharf umgrenzten Löcher sah, die die Bakteriophagen in den Bakterienrasen gefressen hatten, war er sofort davon überzeugt, die Viren seien exakt faßbare Einheiten und so etwas wie die Atome der Biologie. Man muß sich bei dieser intuitiven Deutung vor Augen halten, wie wenig man zu dieser Zeit, also im Jahre 1937, über die Natur der Viren wußte und sich nicht sicher war, ob die beobachtbaren Löcher in einem Bakterienrasen die direkte Wirkung einzelner Phagenpartikel sind.

Ehe wir uns den Schlüsselexperimenten zuwenden, soll etwas anschaulicher auf die Frage eingegangen werden, wie die Löcher im Bakterienrasen zustande kommen und mit welcher Versuchstechnik man hierbei arbeitet. Hierzu wird ein Nährmedium in eine Petrischale gegeben, das alle wesentlichen Bestandteile für die Ernährung der Bakterien sowie einen Anteil Agar Agar zur Verfestigung enthält. Gibt man auf solch eine Platte z. B. 0,1 ml einer Bakteriensuspension, so gelangen 10 bis 100 Millionen Bakterien auf das Nährmedium. Keines der einzelnen Bakterien ist natürlich sichtbar, bedingt durch ihre Winzigkeit. Doch wenn diese beimpfte Platte für einige Stunden bei 37 °C bebrütet wird – der von *E. coli* bevorzugten Temperatur –, so bildet sich durch die enorme Zunahme an Bakterien ein weißlicher Film aus. Wenn sich in der Suspension unter den Millionen von Bakterien ein einziges Phagenpartikel befindet, das ein einzelnes Bakterium befällt, welches nach etwa 40 Minuten zerplatzt, so werden ungefähr 100 neu gebildete Phagen freigesetzt. Diese Phagen befallen die nächsten 100 Bakterien in unmittelbarer Umgebung und werfen nach weiteren 40 Minuten wiederum je 100 Phagen aus, die nunmehr 10 000 Phagen befallen die nächstliegenden Bakterien, und das Spiel wiederholt sich so lange, bis für das bloße Auge ein sichtbares glasklares Loch im trüben Bakterienrasen entsteht. Dieses Loch ist deshalb so klar, weil alle Bakterien zerstört sind und dafür an dieser Stelle Milliarden von Phagen existieren, die so winzig sind, daß keine Trübung entsteht. Der uneingeweihte Leser könnte nun vermuten, der Vermehrungsprozeß würde sich so lange fortsetzen, bis der gesamte Rasen auf der Platte lysiert ist. Dies ist jedoch ein Irrtum; jede Phagenart produziert charakteristische Löcher, die jedoch nur eine Größe von wenigen Millimetern erreichen. Wenn sich auf einem Rasen 100 Phagen befanden, so lassen sich später auch 100 exakte Löcher zählen. Richtet man ein Experiment jedoch mit anfänglich bereits 10 000 Phagen ein, so überlappen sich die 10 000 entstehenden Löcher und die Platte wird klar. In der schematischen Darstellung dieser Phänomene ist gezeigt, wie man sich aus unserer heutigen Sicht die Vermehrung der Phagen in groben Zügen vorstellt. Doch das war damals, 1937, noch völlig ungeklärt.

Die bakteriellen Viren waren bereits 1915 von F. W. Twort entdeckt worden und hatten zwei Jahre später von d'Herelle den Namen Bakteriophagen erhalten (übersetzt: Bakterienfresser). Das Phänomen der Zerstörung von Bakterien (Lyse) durch Phagen war in der Literatur damals als das Twort-d'Herelle-Phänomen bekannt. D'Herelle gebührt auch das Verdienst, als erster die partikuläre Natur der Phagen erkannt zu haben. Er schrieb darüber 1926:[13] »Während meines Aufenthaltes an der Universität Leiden sagte mir bei der Diskussion dieser Frage mein Kollege Professor Einstein, daß er als Physiker dieses Experiment als Nachweis der Diskontinuität des Bakteriophagen ansähe. Ich war sehr froh zu hören, wie dieser verdientermaßen berühmte Mathematiker meine experimentelle Demonstration bewertete, denn ich glaube nicht, daß es sehr viele biologische Experimente gibt, deren Natur einen Mathematiker zufriedenstellt.« D'Herelle hatte auch herausgefunden, wie sich das Leben der Bakteriophagen in drei Etappen vollzieht:

1. Anheftung an ein Bakterium,
2. Vermehrung in diesem Bakterium,
3. Zerstörung des Bakteriums (Lyse) und Freisetzung der neu entstandenen Phagenpartikel.

Obwohl diese Vorstellung von der Vermehrung der Phagen dem tatsächlichen Verlauf sehr nahe kommt, hatte diese Deutung damals mehr Gegner als Befürworter, Delbrück interessierte daher die Frage nach dem Wachstum der Phagen, d. h., auf welche Weise quantitativ die Zunahme an Phagen erfolgt. Ellis zeigte ihm seine Ergebnisse, die für eine stufenweise Zunahme sprechen. In der für Delbrück so charakteristischen Art reagierte er mit den Worten: »Davon glaube ich kein Wort.« So schlug er vor, den quantitativen Verlauf genauer zu analysieren und mathematisch zu beschreiben. Durch eine kluge Planung und sorgfältige Durchführung der Versuche unter Einbeziehung geeigneter statistischer Verfahren erhielten sie eine genaue Vorstellung über den Anteil sich anheftender und freier Phagen sowie über die Vertrauenswürdigkeit der Methode der Plaquezählung. Mit diesen Kenntnissen produzierten sie die »Ein-Stufen-Vermehrungskurven« (Abb. 19), die genaue Aussagen über den zeitlichen Verlauf der Vermehrung und die mittlere Wurfgröße erbrachten. Unter dem Begriff Wurfgröße versteht man, wie viele Bakteriophagen ein Bakterium auswirft, nachdem es durch ein Phagenpartikel befallen wurde. Die Durchführung des Experiments ist denkbar einfach. Man mischt Bakterien und Phagen etwa im Verhältnis 1 : 1. Da bei hohen Bakterienkonzentrationen die Adsorptionsrate am größ-

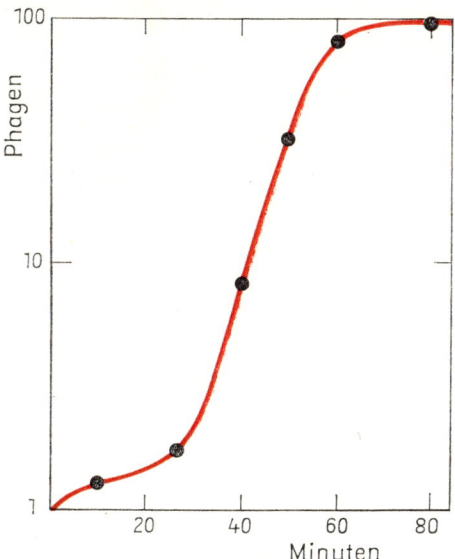

Abb. 19   Eine Einstufenwachstumskurve nach den Originaldaten der Veröffentlichung von Ellis und Delbrück (1939)
Hierzu werden Phagen und Bakterien gemischt und bebrütet, bis die Anheftung der Phagen an die Bakterien erfolgt ist. Danach wird die Suspension
zehntausendfach verdünnt, um eine weitere Anheftung noch freier Phagen zu
verhindern. Zu den auf der Abszisse eingetragenen Zeiten werden Proben
auf einen Bakterienrasen gegeben und die Zahl an Phagen ermittelt.

ten ist (je mehr Bakterien da sind, um so schneller finden die
Phagen sie auch), erlaubt man den Phagen zuerst über einen Zeitraum von 10 Minuten die Anheftung und verdünnt danach die
Suspension 1 : 10 000. Durch die zehntausendfache Verdünnung
wird erreicht, daß zeitlich spätere Anheftungen durch noch freie
Phagen auf die quantitativen Daten nur noch einen unbedeuten-
den Einfluß haben. Zu bestimmten Zeiten, die auf der Abszisse
eingetragen sind (Abb. 19), werden Proben zum Test auf einen
Bakterienrasen übertragen. Dabei zeigte sich, wie die Zahl der
Phagen nicht kontinuierlich, sondern sprunghaft anwächst, d. h.,
nach etwa 35 bis 40 Minuten ist die Vermehrung abgeschlossen,
die Bakterien lysieren, und die Zahl der Phagen wächst schlagartig an. Vergleicht man die Ausgangszahlen mit den Endzahlen

beim Experiment, so läßt sich errechnen, wieviel Phagen pro befallener Zelle durchschnittlich ausgeworfen werden.

Delbrück und Ellis gelang es bei ihren Untersuchungen nicht nur, den zeitlichen Verlauf und die durchschnittliche Wurfgröße zu ermitteln, sondern auch das Schicksal einzelner Phagen zu verfolgen und exakt zu bestimmen, wie viele Phagen ein einzelnes infiziertes Bakterium auswirft. Diese Möglichkeit eröffnete sich bei der statistischen Prüfung der Plaquezählmethode. Delbrück rechnete nämlich damit, die experimentell derart ermittelte Zahl sei nicht identisch mit der tatsächlichen Anzahl an Phagen in einer Suspension. So könnte z. B. ein Teil der infizierten Bakterien sterben, ehe die Phagenvermehrung beginnt. Nicht adsorbierte Phagen könnten wegdiffundieren, wenn die Suspension auf die Agarplatte gegossen wird. Und es besteht auch die Möglichkeit, daß ein Teil der Phagen durch bestimmte Substanzen, die im Nährmedium sind, inaktiviert werden. Wie also die tatsächliche Zahl an Phagen ermitteln? Die Antwort: Bei richtiger Anwendung der Statistik läßt sich der Zufall beherrschen! Das hierzu notwendige Experiment ist denkbar einfach. Fügt man einer Bakteriensuspension einen Tropfen Phagenlösung zu, so klart sich die trübe Bakteriensuspension sehr schnell auf, weil alle Bakterien durch die Phagenvermehrung zerstört werden. Verdünnt man jedoch die Phagensuspension millionenfach, so daß eine sehr geringe Phagendichte resultiert, dann werden manche Tropfen der Suspension noch einen Phagenpartikel enthalten, andere aus der gleichen Suspension jedoch nicht mehr. Im letzten Fall bleibt die Bakteriensuspension nach Hinzufügung des Tropfens trübe. Stellt man die Phagenverdünnung derart ein, daß die meisten Tropfen keine Phagen mehr enthalten und trübe Röhrchen auch nach Hinzufügung des Tropfens trübe bleiben, so kann man die Poisson-Formel anwenden. Sie beschreibt die Wahrscheinlichkeit dafür, daß in den einzelnen Tropfen der hochverdünnten Suspension doch noch ein Phagenpartikel vorhanden ist. Ohne näher auf den mathematischen Formalismus einzugehen, soll dem Leser lediglich vermittelt werden, mit diesem »statistischen Trick« die exakte Konzentration an Phagen in einer Suspension zu berechnen. Um sich die Sicherheit zu verschaffen, die Poisson-Verteilung auch auf das Problem der Phagendichte anzuwenden, versuchte Delbrück, die 1837 veröffentlichte Originalarbeit zu finden und zu studieren. Nach längerem Suchen fand er sie in der Bibliothek und präsentierte sie triumphierend seinem Mitstreiter Ellis. Durch dieses statistische Problem ergab sich die »Single burst-Technik« (der Einzelwurfversuch), die in Abb. 20 dargestellt ist. Mit Hilfe die-

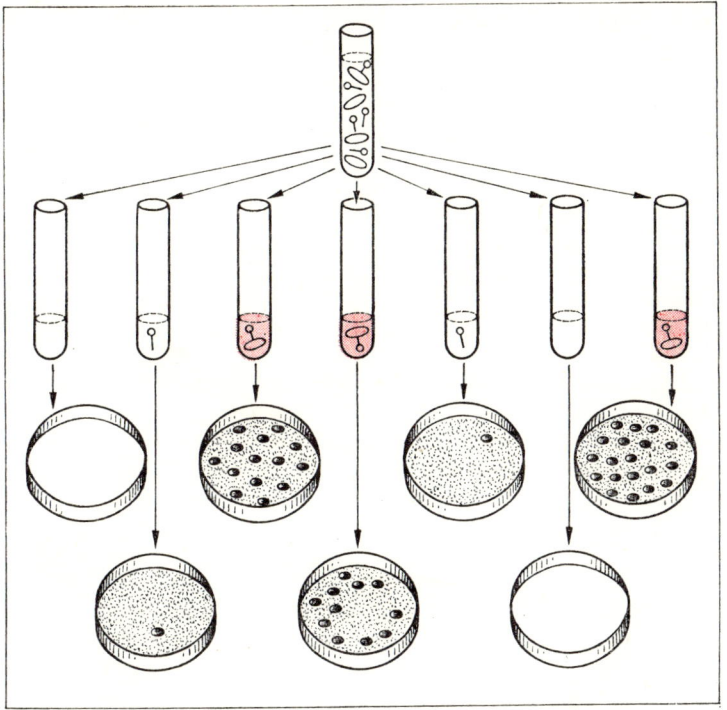

Abb. 20   Direkte Ermittlung der Phagennachkommen einzelner Bakterienzellen (Einzelwurftechnik)
Hierzu werden Phagen und Bakterien gemischt, kurzzeitig bebrütet, bis die
Anheftung erfolgt ist, und dann soweit verdünnt, daß pro Tropfen nicht mehr
als ein Bakterium existiert. Nachdem die infizierten Bakterien geplatzt sind,
läßt sich die Zahl freigesetzter Phagen direkt bestimmen.

ser Technik wird nicht der Durchschnittswert für den Auswurf an
Phagen ermittelt, sondern es läßt sich direkt demonstrieren, was
eine einzelne infizierte Zelle an Phagen produziert.

Die Bedeutung des Experiments

Bezeichnend für den enormen Einfluß der geschilderten Experimente ist ein Zitat von Anderson, einem frühen Delbrück-Mit-
arbeiter:[14] »Während der drei Jahre (1937–1940), die ich an der

Universität von Wisconsin zubrachte, muß ich viele wissenschaftliche Arbeiten in der Medizinischen Bibliothek gelesen haben, aber heute kann ich mich nur an drei erinnern – eine über die Vermehrung von Bakteriophagen von Ellis und Delbrück (1939) und zwei von Delbrück (1940 a, b) über Adsorption und Einstufenvermehrung. Die Experimente waren schön ausgedacht und in einem eleganten Stil beschrieben, der mir neu war. Die drei Arbeiten, die den Stempel Delbrücks trugen, bildeten eine grüne Insel der Logik in dem Morast von einander widersprechenden Berichten, grundlosen Spekulationen und heißen, aber witzlosen Polemiken, die sich um das Twort-d'Herelle-Phänomen drehten.« Diese Einfachheit, Logik und Schönheit der Phagenexperimente sollten sehr bald weitere Wissenschaftler begeistern, so daß sich in den nachfolgenden Jahren die heute so berühmte Phagengruppe formierte. Ohne Übertreibung läßt sich sagen: Diese Publikationen stehen am Beginn der modernen Phagenforschung, und die ersten Ergebnisse über die kleinen Würfe sind der große Wurf gewesen, der den Weg über die Phagengenetik, die Bakteriengenetik und die Molekularbiologie hin zur Gentechnologie eröffnete.

Geburt der Bakteriengenetik:
Der Fluktuationstest (1943)

Das wissenschaftliche Problem

Gelangen in eine Bakterienkultur Bakteriophagen, so klart sich die ursprünglich trübe Suspension nach wenigen Stunden völlig auf. Die Erklärung hierfür scheint sehr einfach zu sein: Die todbringenden Bakteriophagen zerstören bei ihrer Vermehrung die Bakterien und vernichten schließlich alle verfügbaren Bakterienzellen. Läßt man jedoch eine lysierte, d. h. völlig klare Suspension für einige weitere Stunden stehen, so ist eine zunehmende Trübung zu beobachten. Scheinbar aus dem Nichts heraus wachsen Bakterien heran, die im Gegensatz zu den zuvor attackierten Bakterien resistent gegenüber den tödlichen Bakteriophagen sind. Delbrück ist dieses als sekundäres Wachstum bezeichnete Phänomen bereits 1939 aufgefallen, denn in seinem Bericht vom 14. 9. 1939 an die Rockefeller-Stiftung findet man die folgende Passage:[15] »In einer anderen Reihe von Experimenten ist versucht worden, den Ursprung des sekundären Wachstums aufzuklären, das immer einige Stunden nach der Lyse einer empfänglichen Kultur von *E. coli* auftritt. Es wurde festgestellt, daß dieses sekundäre Wachstum durch einen resistenten Stamm erfolgt, der durch eine Mutation aus dem empfänglichen Stamm hervorgegangen sein muß.« Das Phänomen der entstehenden Resistenz gegenüber einem tödlichen Agens hatten viele Bakteriologen in dieser Zeit beobachtet. Tötet man z. B. Bakterien mit Antibiotika, wie Penicillin, Tetrazyklin oder Streptomycin, läßt sich ein ähnliches Phänomen beobachten: Nahezu alle Bakterien sterben ab, da sie sensibel gegenüber der tödlichen Wirkung der Antibiotika sind. Doch bereits wenige Stunden nach der tödlichen Attacke wachsen resistente Varianten heran. Wie entstehen die resistenten Bakterien? Der überwiegende Teil der Bakteriologen war damals überzeugt davon, es müsse sich um eine Vererbung erworbener Eigenschaften handeln. Nach dieser Ansicht reagiert die bedrohte Bakterienpopulation mit einer gerichteten Antwort. Die so erworbene Eigenschaft garantiert das Überleben zumindest einiger Bakterien und wird auf die nachfolgenden Generationen stabil vererbt. Diese Formulierung ist die Kurzfassung für die These des Lamarckismus von der Vererbung erworbener Eigenschaften.

Die Alternative war die Hypothese, daß Mutationen zufällige, willkürliche Änderungen im genetischen Text sind. Danach könnten phagenresistente Bakterien entstehen, ohne daß die todbringenden Phagen anwesend sind. Sobald aber Bakteriophagen in die Bakteriensuspension gelangen, erhalten die spontan entstandenen, phagenresistenten Varianten einen Selektionsvorteil: Sie überleben im Gegensatz zur überwiegenden Zahl der Bakterien die tödliche Attacke und reichern sich durch Zweiteilung trotz Anwesenheit der Bakteriophagen an. So könnten innerhalb weniger Stunden aus einem einzigen mutierten Bakterium Milliarden phagenresistenter Bakterien hervorgehen.

Die Gegner dieser Anschauung – deren Richtigkeit durch den »Fluktuationstest« von Luria und Delbrück bereits 1943 demonstriert wurde – behaupten dagegen, daß willkürliche Änderungen im genetischen Text niemals die Wunder der Evolution bewirken können, vor denen der Mensch staunend steht. Ebenso wenig – so argumentieren sie gern – lasse sich z. B. ein Goethe-Gedicht durch den willkürlichen Ersatz eines Buchstabens verbessern. Sind ungerichtete, zufällige Unfälle tatsächlich die Grundlage für die Entstehung höchst zweckmäßig funktionierender Lebewesen? Die Richtigkeit dieser Annahme ist eine erstaunliche Erkenntnis, die auch heute noch für viele Laien kaum glaubhaft erscheint. Wäre demnach die wunderbare Vielfalt an Lebewesen das Ergebnis einer endlosen Kette von Betriebsunfällen während der Reproduktion der Individuen im Verlauf der Evolution? Unglaublich erscheint hier sicherlich nicht die Tatsache, daß es solche Betriebsunfälle während der Verdopplung der genetischen Programme gibt, sondern vielmehr, daß diese Zufallsereignisse, die willkürlich einen höchst sinnvollen Text verändern, eine ausreichende Grundlage für die Evolution liefern. Die Skepsis Uneingeweihter gegenüber der Anschauung, aus willkürlichen Veränderungen könne etwas Geordnetes und sinnvoll Erscheinendes entstehen, wird in einem bisher wenig bekannten Gedicht von Daniel Wilhelm Triller (1695–1782) besonders schön deutlich:

Der Affe, ein seltsamer Buchdrucker, und ein Eremit
Ein Affe war einst ungefähr
in eine Druckerei gekommen;
nachdem er nun, was drucken wär',
nach Möglichkeit in Acht genommen,
trug er viel Lettern mit sich fort
und stieg auf einen hohen Ort,
legt unten hin viel weiße Bogen
und warf, ohn' allen Witz und Sinn,
die Lettern aufs Papier dahin,
so wie er sie herausgezogen.
Ein Eremit ging da vorbei:
»Was«, rief er, »machst Du hier, mein Affe?«
»Hier hab ich eine Druckerei,
daß ich der Welt viel Nutzen schaffe«,
war dessen Antwort, »sieh nur an,
ob ich nicht sauber setzen kann
und wie ich hier mit großem Glücke
und leichter Mühe Bücher drucke.«
»Jawohl! Jawohl! Mit leichter Müh'«,
versetzte jener ihm dagegen;
»Allein komm auch herab und sieh,
wieviel an Deinem Fleiß gelegen
und ob auf diesem ganzen Blatt
ein Wort nur Sinn und Meinung hat?
Soll dieses Bücher drucken heißen?
Soll so Dein Werk vonstatten gehen?
Die Lettern aufs Papier zu schmeißen,
macht nicht, daß Bücher draus entstehen.
Wo nicht Verstand die Hände leitet
wird kein gelehrtes Buch bereitet:
wirf hundert Jahr und weiter fort
und doch entspringt kein kluges Wort.«
Starke Geister, welche meinen,
daß durch Zufall sich die Welt
selbst in Ordnung hergestellt,
dürfen gleichfalls nicht verneinen,
daß die kluge Druckerei
unseres Affen möglich sei.
Wenn man von dem Druck des Affen
einst ein kluges Buch erhält,
glaub ich auch, daß sich die Welt
ungefähr von selbst erschaffen.

Wenngleich schon vor über 200 Jahren verfaßt, so ist dieses Gedicht besonders geeignet, die Problematik zu verdeutlichen, die Luria und Delbrück angesichts des Phänomens der Entstehung resistenter Mutanten bewegte:

Sind Mutanten zufällige, ungerichtete, willkürliche Ereignisse oder sind sie nichtzufällige, gerichtete Antworten auf eine Bedrohung oder Streßsituation?

Die Wissenschaftler

Eine kurze Passage aus E. P. Fischers Buch »Das Atom der Biologen« läßt ahnen, wie stark sich die beiden Wissenschaftler voneinander unterschieden, mit deren Schlüsselexperiment über die Natur spontaner Mutationen die Bakteriengenetik beginnt:[16] »Auf den ersten Blick scheinen Max (Delbrück) und Luria genau das Gegenteil eines erfolgreichen Paares zu sein. Zwischen dem politisch interessierten Römer, der Medizin studiert hatte und seinen Scharfsinn auf Experimente konzentrierte, und dem eher literarisch orientierten Berliner, der aus der Physik kam und seinen Träumen und Theorien nachhing, tun sich so große Welten auf, daß nur besondere Umstände sie schließen konnten, nämlich ihr gemeinsames Interesse an der Natur des Gens, und ihre Vorliebe – die Betonung liegt dabei auf Liebe – für die Bakteriophagen, die – in Lurias Worten – ›klein genug waren, um wie ein Gen zu sein, und doch leicht genug, um (mit ihnen) arbeiten zu können‹.«

Ein Zug von Lurias Persönlichkeit wird in den Sätzen sichtbar, mit denen er in einem Interview versucht, Delbrück zu charakterisieren:[17] »Ich glaube, was viele Leute bei ihm außer acht lassen, ist der enorme Einfluß, den die Tradition der deutschen Intellektuellen auf seine Persönlichkeit hatte: Das sehr starke Bedürfnis, das selbstverständliche Gefühl, daß intellektuelle Vorhaben tatsächlich höher stehen. Das ist das eine. Es gibt viele Eigenschaften: Ich denke natürlich immer an jene, in denen wir beide verschieden sind – beispielsweise das Vergnügen. Er ist, ich würde nicht sagen, auf eine kindische Weise vergnügungssüchtig, doch geht es über das Maß hinaus. Es ist für ihn sehr wichtig, Tennis zu spielen oder in den Bergen zu wandern oder in der Wüste zu zelten oder irgend etwas anderes zu tun, das ihm gerade einfällt, und daran sein Vergnügen zu haben. Ich wuchs in der puritanischen Tradition norditalienischer Juden auf: Wenn ihnen etwas Spaß macht, dann muß etwas falsch daran sein. Und, wissen Sie, gute Forschung ist nicht lustig. Das merkte ich bald. Man

Abb. 21 Salvadore Luria

muß imstande sein, etwas aufzugeben, was man gut kann . . .«
Im selben Interview äußert er auf die Frage, ob Delbrück wählerisch im Umgang mit Menschen war: »Es ging weniger darum,
ob Delbrück wählerisch war, als daß er selbst auf die Leute sehr
anziehend wirkte. Weil er so schrecklich intelligent ist. Weil es
so aufregend ist, mit ihm zu arbeiten. . . . tagelang mit ihm an
einem Problem zu kauen, Dinge auf die Tafel zu schreiben und sie
wieder auszulöschen, das ist schrecklich aufregend . . .«

Luria traf am 28. 12. 1940 während einer Versammlung der
»American Society of Physical Sciences« in Philadelphia auf Delbrück. Damit ging für Luria ein mehr als zweijähriger Wunsch
in Erfüllung, denn er hatte bereits 1938 einen Antrag an die
italienische Regierung gestellt, in den USA mit Delbrück zusammenarbeiten zu können. Bedingt durch sein Interesse an bio-
physikalischen Problemen und der Wirkung von Strahlen, war
Luria nach seinem Medizinstudium zu Enrico Fermi gegangen,
um mehr über Physik zu lernen. Dort stieß er auf die umfang-
reiche Arbeit von Delbrück, Timofeeff-Ressovsky und Zimmer aus

dem Jahre 1935 »Über die Natur der Genmutationen und der Genstruktur«, die ihn begeisterte.

Die Zusammenarbeit von Luria und Delbrück hat sich im nachhinein als ungemein weitreichend erwiesen. Seit 1941 hatten sie sich jeden Sommer in Cold Spring Harbor getroffen, um gemeinsam zu arbeiten. Ausgehend von der herrlichen Erfahrung, mit größter Intensität weit ab von aller Universitätshektik zu experimentieren und zu diskutieren, machte Luria 1944 den Vorschlag, einen Phagenkurs zu veranstalten, um Wissenschaftler dafür zu gewinnen und zu begeistern, die großen ungelösten Probleme des Lebens zu erforschen. Delbrück erklärte sich bereit, Organisation und Leitung des ersten Kurses zu übernehmen. Seit 1945 lief dieser Phagenkurs – 26 Jahre lang! Die Wirkung war außergewöhnlich. Heute läßt sich sagen, daß mit diesen Kursen die Molekularbiologie begann, eine exakte Wissenschaft zu werden. Auf diese Weise entwickelte sich die sogenannte Phagengruppe, eine Gruppe gleichgesinnter Wissenschaftler, die das Ziel verfolgten, mit diesen einfachen Systemen fundamentale Lebensvorgänge aufzuklären. Da Delbrück 1947 zum Professor für Biologie am Caltech (California Institute of Technology) ernannt worden war, hatte die Phagengruppe zwei Zentren: Das Caltech und das Cold Spring Harbor Labor, wo seit 1945 die Sommerkurse und ab 1950 die jährlichen wissenschaftlichen Meetings stattfanden. Der Erfolg und die ungeheure Tragweite dieser Phagengruppe ist im wesentlichen durch Delbrücks charismatische Persönlichkeit bedingt. Er war der unbestrittene geistige Führer dieser Schar: Unerbittliche, ja oft schärfste Kritik war ein hervorstechendes Merkmal der Arbeit dieser Phagengruppe, bei gleichzeitig engen freundschaftlichen Beziehungen zwischen allen Mitgliedern. Es ist sicher nicht übertrieben zu sagen, daß die Phagengruppe etwas Ähnliches wie die Kopenhagener Gruppe um Niels Bohr war, die Delbrück in seinen ersten frühen Jahren wiederholt erlebt hatte. Nach diesem Vorbild führte er die »fröhliche Respektlosigkeit« ein, eine Atmosphäre, gekennzeichnet durch völlige Offenheit. Fischer schreibt darüber:[18] »Seine Kritik war gefürchtet. Immer wieder unterbrach er Seminare: ›Ich verstehe kein Wort, fang' noch mal von vorne an.‹ Immer wieder wies er experimentelle Evidenz zurück: ›Davon glaube ich kein Wort.‹ Diese erbarmungslose Schärfe hat ihr großes Vorbild in Wolfgang Pauli, dessen beißende Kritik unter Physikern gefürchtet war. In gewisser Weise kann man die Art, in der Max die Phagengruppe geführt hat, als eine Mischung aus Niels Bohr und Wolfgang Pauli charakterisieren. Auch menschlich findet man diese ›Superposition‹ aus

›Gott‹ und ›Mephisto‹. Seiner wissenschaftlichen Großzügigkeit
entsprach manchmal eine persönliche Rücksichtslosigkeit (auch sich
selbst gegenüber), die sein College-Kollege Ray Owen einmal
versucht hat, verständlich zu machen: ›Es kam vor, daß sein Verhalten inhuman erschien, denn er schätzte die unpersönliche Suche
nach Wahrheit hoch. Er hielt an einem Standard fest, der Scham
und Lässigkeit nicht erlaubte. Doch hatte er ein außerordentlich
warmes, humanes und empfängliches Herz und ein Sinn für Humor zog sich durch alle seine Beziehungen.‹« Dieser oft eigenartige Humor erklärt auch, warum Delbrück sich bei Vortragenden
oft mit den Worten bedankte, dies sei der schlechteste Vortrag,
der hier je gehalten worden war.

Während Luria auch in späteren Jahren und Jahrzehnten der
Bakteriengenetik treu blieb, kam Delbrück schon 1950 – also
noch ehe die Doppelhelix entdeckt worden war und anschließend
so viele fundamentale Erkenntnisse über die Struktur und Funktion des genetischen Materials gemacht wurden – zu der Meinung,
die Bakteriophagen seien nun in guten Händen, und er wandte
sich der Sinneswahrnehmung zu, indem er die lichtstimulierte
Wachstumsreaktion des Pilzes *Phycomyces* untersuchte. Wiederum
gründete er eine kleine Gruppe, die *Phycomyces*-Gruppe, und er
organisierte den *Phycomyces*-Sommerkurs. Manche interessanten
Erkenntnisse wurden in den folgenden Jahren gewonnen, doch
blieben die großen, epochalen Durchbrüche aus.

Das größte Verdienst Delbrücks, der 1981 an Krebs starb, ist
zweifellos die Tatsache, daß er, bedingt durch seine außergewöhnliche Persönlichkeit und seinen überragenden Intellekt, die Phagengruppe ermöglichte. Auf diese Weise ist er zu einer der einfluß-
reichsten Wissenschaftlerpersönlichkeiten unseres Jahrhunderts
geworden.

Das Experiment

Will man mehr über bahnbrechende Experimente erfahren, die
zur Herausbildung der Phagen- und Bakteriengenetik führten, so
ist das von Stent und Calendar 1978 veröffentlichte Lehrbuch
eine zuverlässige und beeindruckende Informationsquelle. In diesem Buch ist über das Schlüsselexperiment, das nun geschildert
werden soll, der folgende Satz zu finden:[19] »So wie man der Auffassung ist, daß die Geburt der Genetik 1865 mit dem Erscheinen
von Mendels Arbeit stattfand, kann man auch die Geburt der
Bakteriengenetik auf 1943 datieren, als S. E. Luria und M. Del-

brück eine Arbeit mit dem Titel ›Mutationen in Bakterien von Virussensitivität zu Virusresistenz‹ publizierten.« Auf das Phänomen der Entstehung phagenresistenter Bakterien war Delbrück schon 1939 gestoßen. Bald nach ihrem ersten Zusammentreffen einigten sich Delbrück und Luria, daß dieses Phänomen ein lohnendes Problem zukünftiger Zusammenarbeit sein könnte. Eine authentische Schilderung über die Geschichte der Entdeckung ist in einem Bericht aus dem Jahre 1945 zu finden, die Delbrück für die Rockefeller-Stiftung verfaßte:[20] »Wir einigten uns darauf, über die Frage des Ursprungs bakterieller Varianten zu arbeiten, die resistent gegenüber der Aktion eines gegebenen Virus sind, und die in praktisch allen empfänglichen Kulturen auftreten. Die Frage, ob diese Varianten als Antwort auf die Wirkung der zugesetzten Phagen produziert werden, oder ob sie spontan erscheinen und dann durch selektiven Einfluß der Viren in den Vordergrund treten, ist nie beantwortet worden. Dieses Problem stellte sich als härter heraus, als wir angenommen hatten. Während des Aufenthaltes von Dr. Luria hier an der Vanderbilt Universität im Herbst 1942 scheiterten alle Versuche, kritische Experimente zu entwerfen. Dr. Luria setzte jedoch seine Arbeiten an diesem Problem an der Universität von Indiana fort, wo er eine Position als Assistent in Bakteriologie angenommen hatte. Und zu Beginn des Jahres 1943 fiel ihm eine befriedigende Methode ein, wie die Frage zu klären sei. Die Methode wurde ausgearbeitet, die Theorie hier in Vanderbilt und die experimentelle Technik von Dr. Luria in Indiana. Die Arbeit konnte zum Abschluß gebracht werden, als Dr. Luria zu einem zweiten Besuch im Frühjahr 1943 nach Nashville kam.«

Das Aha-Erlebnis, wie dieses hartnäckige, widerborstige Problem zu lösen sei, hatte Luria nicht im Labor, sondern während einer Tanzveranstaltung, bei der er die extrem schwankenden Rückzahlungen eines Spielautomaten verfolgte. Darüber schrieb Luria:[21] »Tatsächlich kam mir die Idee zu diesem Experiment, während ich die recht fluktuierenden Gewinne einiger meiner Kollegen beobachtete, die an einem Automaten im ›Bloomington Country Club‹ spielten, wo damals an einem Samstag im Monat Tanz für die gesamte Fakultät veranstaltet wurde.« Der fruchtbare Boden, auf den dieses Samenkorn der Erkenntnis fiel, war jedoch durch viele Versuche und Überlegungen in den Tagen und Wochen zuvor im Labor geschaffen worden. Luria hatte versucht herauszufinden, ob die Anzahl phagenresistenter Bakterien während des Wachstums steigt oder aber konstant bleibt, also in der Phase, in der die Zahl der Bakterien noch kontinuierlich zunimmt. Dabei stellte er verärgert und enttäuscht fest, daß die Zahl phagenresistenter Bakterien von Experiment zu Experiment und von Tag zu Tag starken Schwankungen unterworfen war. Vor dem Spielautomaten, angesichts der stark schwankenden Gewinne, kam ihm die erlösende Idee: Statt über die absoluten Zahlen phagenresistenter Bakterien nachzusinnen, müßte man die Fluktuation der Zahlen analysieren und vergleichen! Daraufhin schrieb er Delbrück in einem Brief vom 20. 1. 1943:[22] »Ich könnte mir vorstellen, daß man mit einem eindeutigen Experiment herausfinden müßte, inwieweit die Fluktuation in der Zahl der Phagen-Resistenten von der Kultur abhängig ist, aus der sie kommen. Das bedeutet: Wenn ich zehn Proben der gleichen Kultur von *(Escherichia coli)*-B mit Phagen ausplattiere, finde ich eine Anzahl von Resistenten, die sich nach der Poisson-Regel verteilen. Wenn ich zehn Proben aus zehn unterschiedlichen Kulture von *(Escherichia coi)*-B ausplattiere, die alle die gleiche Menge von B enthalten, dann finde ich eine viel größere Fluktuation. Wenn die Resistenten auf der Platte nach Kontakt mit den Phagen entstehen, dann sollte sie in beiden Fällen die gleiche Fluktuation zeigen.«

Bei Luria war somit »der Groschen gefallen« – beim Leser fehlt an dieser Stelle sicherlich noch das Aha-Erlebnis, denn im Gegensatz zu Luria ist er weder vertraut mit der Art der Experi-

Tabelle 3 Verteilung der phagenresistenten Bakterien in einhundert Kulturröhrchen mit Escherichia-coli-Bakterien (aus Luria und Delbrück 1943)

Zahl resistenter Bakterien			Anzahl an Kulturröhrchen
	0		57
	1		20
	2		5
	3		2
	4		3
	5		1
6	–	10	7
11	–	20	2
21	–	50	2
51	–	100	0
101	–	200	0
201	–	500	0
501	–	1 000	1

Die Dichte betrug etwa 280 Millionen Bakterien pro Milliliter Nährbouillon. Von jeder Kultur wurden 0,05 Milliliter pro Platte ausplattiert. Der Durchschnittswert an resistenten Bakterien pro Kulturröhrchen beträgt 40,48 und die Varianz (das statistische Maß für die Fluktuation) beträgt 6 270.

mente, noch hat er die Erfahrungen über die auffälligen Schwankungen in der Zahl phagenresistenter Bakterien, die Luria bereits gesammelt hatte, ehe er vor dem Spielautomaten zu meditieren begann über die Analogie der Zahlenwerte. Die meisten Leser werden aber schon einmal auf dem Jahrmarkt zugesehen haben, wie stark bei den Spielautomaten die Gewinnausbeute schwankt. Da Gewinn und Verlust beim Bau der Automaten so eingerichtet werden, daß der Inhaber nicht zusetzt, sondern von den Einnahmen leben kann, wird natürlich verständlich, daß in den meisten Fällen der Spieler ohne Gewinn bleibt. Um dem Spieler nicht die Hoffnung zu nehmen, wird der Automat jedoch ab und zu kleinere Gewinne auswerfen. Aber irgendwann einmal ereignet sich auch der große Wurf, auf den jeder hofft. In diesen simplen Sätzen ist die psychologische und ökonomische Grundlage geschildert, auf der Zahlenlotto, Spielautomaten und Roulette basieren. Nun betrachte der Leser aufmerksam die Zahlen in Tabelle 3, in der angegeben ist, wie häufig Luria phagenresistente Bakterien in 100 unabhängigen Kulturen gefunden hat: In den meisten Röhrchen (57) waren keine resistenten Bakterien nachweisbar, in 20 Röhrchen war zumindest eine phagenresistente Variante, und nur in ganz seltenen Fällen ließen sich über hundert oder gar bis zu tausend Phagenresistente nachweisen. So stark ist die Fluktuation, wenn die Proben aus unabhängigen Kulturen stammen.

Entnimmt man jedoch einer einzigen größeren Kultur 100 Proben, so lassen sich nur geringfügige Variationen um einen charakteristischen Mittelwert im Versuch nachweisen. Wie ist das zu erklären? Wären die Mutationen nicht zufällig und gerichtete Antworten auf ein auslösendes Umweltereignis (wie z. B. Phagenbefall), so sollte die Zahl phagenresistenter Bakterien nicht von den Kultivierungsbedingungen abhängen, sondern annähernd gleich groß sein, da nach dieser Vorstellung Mutationen ja erst dann entstehen, wenn die Bakterienpopulation direkt durch den Phagenkontakt tödlich bedroht ist. Da Mutationen aber zufällige, ungerichtete Ereignisse sind, die sich bereits ereignen können, ehe die Phagen auf die Bakterien treffen, schwankt die Zahl phagenresistenter Mutanten von Kulturröhrchen zu Kulturröhrchen, je nachdem, ob sich die Mutationen zu einem früheren oder späteren Zeitpunkt ereigneten.

Vielleicht schüttelt der Leser an dieser Stelle den Kopf, weil ihm die Schlußfolgerungen immer noch nicht überzeugend erscheinen. Viele Menschen sind ja visuelle Typen, und deshalb soll durch eine Zeichnung das Phänomen der starken Fluktuation an-

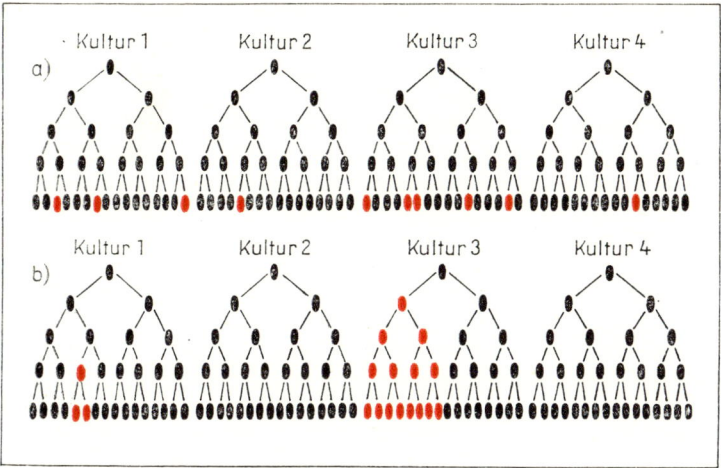

Abb. 22 Fluktuation der Anzahl von Mutanten

schaulicher werden: Bakterien vermehren sich durch Zweiteilung, d. h., aus einem Bakterium werden innerhalb von 30 Minuten zwei, dann vier, acht, sechzehn usw., bis schließlich mit etwa einer Milliarde Bakterien pro Milliliter Nährbouillon die Nahrungs- und Raumkapazitäten erschöpft sind. Da Mutationen sehr seltene Ereignisse sind, ereignen sie sich erst, wenn die Bakterienpopulation umfangreich genug ist. Entscheidend für die im Experiment ermittelte Zahl an Mutanten ist der Zeitpunkt, wann sich eine Mutation ereignet. Abb. 22 veranschaulicht diese Beziehung zwischen Zeitpunkt der Mutationsentstehung und Zahl der Mutanten.

Nun wollen wir abschließend in einem Gedankenexperiment den entscheidenden Versuch aus Lurias und Delbrücks Arbeit wiederholen: Hierzu wird eine Bakteriensuspension auf etwa 1 000 Bakterien pro Milliliter Bouillon verdünnt. Ein Kontrollversuch zeigt, unter diesen Bakterien befinden sich keine phagenresistenten Mutanten. Diese verdünnte Bakteriensuspension wird nunmehr im Ansatz a) zu 20 ml in ein einziges Fläschchen und im Ansatz b) zu je 0,5 ml in 40 verschiedene Röhrchen pipettiert. Insgesamt 36 Stunden läßt man den Bakterien Zeit zu wachsen, so daß die Anzahl der Bakterien von eintausend auf etwa eine Milliarde pro Milliliter ansteigen kann. Nunmehr werden adäquate Mengen auf phagenbedeckten Agarplatten ausgespatelt, um zu ermitteln, wie viele phagenresistente Mutanten pro Röhrchen vorhanden sind. Jetzt müssen die Platten für eine Nacht bei 37 °C bebrütet werden, damit aus den einzelnen phagenresistenten Individuen Kolonien heranwachsen können.

Nun dürfte der Zusammenhang verständlich geworden sein: Wären die Mutationen gerichtete Antworten auf den Phagenbefall und würden sich also erst während des direkten Kontaktes mit den Phagen ereignen, so sollte die Zahl phagenresistenter Bakterien nicht von den Kultivierungsbedingungen abhängen und somit auch im Ansatz b annähernd gleich sein wie im Ansatz a. Luria und Delbrück fanden jedoch das Gegenteil: Da sich Mutationen zufällig und ungerichtet ereignen und somit bereits entstehen können, bevor die Phagenattacke erfolgt, schwankt die Zahl resistenter Bakterien von Ansatz zu Ansatz, je nachdem, wann sich die ersten Mutationen ereigneten (siehe Abb. 22).

Abschließend sei noch eine kleine Anekdote erwähnt, die zeigt, daß die epochale Veröffentlichung nicht völlig fehlerfrei ist, zumindest nicht in den Augen eines pedantischen Statistikers. Luria berichtet:[23] »Im Juli 1947, als ich Delbrück auf dem Kopenhagener Flughafen traf, überreichte er mir den Brief eines brasilianischen Wissenschaftlers, der um eine Rückantwort per Luftpost ersuchte und darauf hinwies, daß in unserer Veröffentlichung aus dem Jahre 1943 einige Fehler hinsichtlich der Varianzberechnung enthalten wären: Insbesondere sollte ein Wert 6 883 betragen statt 6 620. Das ist für mich eine günstige Gelegenheit für eine Wiedergutmachung: Für die Arbeit von 1943 errechnete ich alle Varianzen auf die Art, daß ich für die Berechnung des Mittelwertes nicht den wirklichen Mittelwert, sondern angenäherte Zahlen verwendete und dann vergaß, die notwendigen Korrekturen durchzuführen. Unserem brasilianischen Briefschreiber und anderen gewissenhaften Lesern meine wärmsten Entschuldigungen.«

Eine Sensation:
Die Entdeckung der bakteriellen
Sexualität (1946)

Das wissenschaftliche Problem

Im letzten Drittel des vorigen Jahrhunderts hatte man Gewißheit
darüber erhalten, daß Bakterien Infektionskrankheiten verursachen. Seit dieser Erkenntnis entwickelte sich die medizinische
Mikrobiologie stürmisch, doch völlig separat von der Genetik,
die nach der Wiederentdeckung der Mendelschen Gesetze im
Jahre 1900 als ein eigenständiges Wissenschaftsgebiet entstand.
Somit war die Bakteriengenetik für viele Jahrzehnte ein Nie-
mandsland, das noch kein Wissenschaftler betreten hatte. Warum
existierte diese jahrzehntelange Kluft zwischen medizinischer
Mikrobiologie und Genetik? Die Antwort ist relativ einfach:
Eine genetische Analyse ist nur bei solchen biologischen Objekten
möglich, wo ein Gentransfer von einem auf einen anderen Organismus durch sexuelle Austauschvorgänge möglich ist. Nach dem
damaligen Erkenntnisstand gab es sexuelle Vorgänge nur bei
Pflanzen und Tieren. Bakterien vermehrten sich lediglich durch
eine Zweiteilung und gehörten somit in die Gruppe der asexuel-
len Organismen. Trotz der experimentell enormen Vorteile der
Bakterien, sich außerordentlich schnell zu vermehren und auf
kleinstem Raum eine enorme Populationsdichte zu erreichen
(mehrere Milliarden Bakterien pro Milliliter Nährlösung), konnten somit Bakterien genetisch nicht bearbeitet und analysiert werden. Dennoch flackerten immer wieder einmal Zweifel an der
verbreiteten Überzeugung von der Asexualität der Bakterien auf.
So finden sich z. B. im damaligen Standardwerk von Dubos, »The
Bacterial Cell«, Fußnoten mit Befunden, die für die Existenz
sexueller Vorgänge bei Bakterien sprechen. Gleichzeitig wird ein-
geräumt, diese Hypothese sei genetisch noch nicht getestet.

Die Annahme, daß Bakterien im Gegensatz zu höheren Organismen wie Pflanzen und Tiere asexuelle Lebewesen sind, kam bis in die 40er Jahre unseres Jahrhunderts einem Dogma gleich. Dies in Frage zu stellen, war nahezu gleichbedeutend damit, seinen wissenschaftlichen Ruf leichtfertig aufs Spiel zu setzen. Eine leichte Erschütterung – die jedoch nur wenige Forscher wahrnahmen – war die Entdeckung der Sexualität bei Hefen im Jahre 1937. Gut, die Hefen gehörten nicht zu den prokaryotischen Organismen wie die Bakterien, sondern zu den eukaryotischen Lebewesen wie Pflanzen und Tiere. Aber immerhin waren die Hefen ebenso einzellig wie die Bakterien. Wenn sich Hefezellen miteinander sexuell vereinigen, warum sollten das Bakterien nicht können? Der entscheidende Anstoß, diese Möglichkeit ernsthaft zu untersuchen, war die epochale Arbeit aus dem Jahre 1944, in der Avery und Mitarbeiter nachwiesen, daß die DNS Träger der genetischen Information ist und nicht die Proteine. Immerhin wurde in dieser Arbeit gezeigt, wie sich neuartige Eigenschaften durch den Transfer nackter DNS in das Innere einer Bakterienzelle übertragen ließen. Wollte man mehr über diesen Vorgang und über die chemische Natur der Gene erfahren, so wäre das Auffinden von sexuellen Austauschvorgängen bei Bakterien sehr hilfreich. Dies war eine entscheidende Überlegung, die Lederberg nach der Lektüre von Averys Arbeit veranlaßte, sich auf die Suche nach sexuellen Vorgängen bei Bakterien zu begeben.

Die Wissenschaftler

In einem ausführlichen Erinnerungsbericht über die Entdeckungsgeschichte der bakteriellen Sexualität schreibt Lederberg 1987:[24] »Wenn ich irgendeine Botschaft zu überbringen habe, dann ist es die Rechenschaft über meine Schulden den Menschen gegenüber, die mir so vieles von sich selber gaben: als Eltern, Lehrer, Kollegen und Freunde, und einem System, das außergewöhnlich günstige Voraussetzungen bot, meine Begabungen zu entfalten und meinen Ehrgeiz zu befriedigen. Dieses System, das soziale Milieu der Wissenschaften, ist heutzutage unter dem Mikroskop, indem es durchforscht wird auf jedwede aberrante und pathologische Erscheinungen. Dies als Selbstverständlichkeit nehmend und dadurch die wissenschaftliche Karriere junger Menschen zu ermöglichen, sind die positiven Aspekte der Gemeinschaft und der traditionellen (und reziproken!) Beziehungen zwischen Lehrer und Schüler, nicht zu erwähnen der einzigartige Schauer der Ent-

Abb. 23   Joshua Lederberg

deckung und die Freude über ihre Anwendung zum Wohle der
Menschen.« Besonders prägend für Lederberg war der Besuch der
Stuyvesant Schule, einer höheren Bildungseinrichtung, die sich
speziell den Wissenschaften widmete. Diese Eliteschule nahm nur
hochbegabte Kinder auf und gab ihnen im Unterricht und in den
Laboren optimale Möglichkeiten, ihre Kreativität zu entwickeln
und zu entfalten. Die Ausstattung der Labore, in denen die Kinder und Jugendlichen nach der Schule und an den Wochenenden
experimentieren konnten, wurde vor allem von dem »American
Institute Science Laboratory« getragen, einem Vorreiter für die
heutige Institution »Westinghouse Science Talent Search«, die
hochbegabte Kinder in ihrer Entwicklung fördert.

In Harriet Zuckermans weitbeachtetem Buch über die wissenschaftliche Elite der USA ist ein Zitat aus einem Schulaufsatz des
sieben Jahre alten Joshua Lederberg erwähnt. So schrieb er:[25] »Ich
würde gern ein Wissenschaftler der Mathematik sein so wie Einstein. Ich möchte gern Wissenschaft studieren und einige Theorien
entdecken.« Man kann sich des Eindrucks nicht erwehren, daß

dieser Satz eines siebenjährigen Kindes etwas von den enormen leistungsorientierten kulturellen Einflüssen der Tradition sichtbar macht.

Doch zurück zu J. Lederberg, der sich in dieser elitären Bildungseinrichtung bereits in der Schulzeit mit Histologie, Mikrobiologie und Immunologie beschäftigen konnte und experimentell über die chemische Basis histologischer Färbung arbeitete. Lederberg beschreibt, wie günstig der Einfluß war, ständig mit intellektuell besonders begabten Kindern zusammen zu sein und wie ausgiebig er den Zugang zu anspruchsvoller populärwissenschaftlicher und wissenschaftlicher Literatur nutzte. So begann er sein Studium an der Columbia-Universität bereits mit dem Anspruch, herauszufinden, wie man die Kraft der chemischen Analyse nutzen kann, um die Geheimnisse des Lebens zu entziffern. Noch während seines Studiums, im Januar 1945, stieß er auf Averys epochalen Artikel, in dem nachgewiesen worden war, daß die DNS offensichtlich Träger der genetischen Information ist. Lederberg überlegte, was dieser aufregende und bedeutsame Befund für seine eigenen zukünftigen Forschungsarbeiten bedeutet und wie man vorgehen müsse, um mehr über die Chemie der Gene zu erfahren. Mitte 1945 begann er sein erstes Forschungsprojekt unter Leitung von Professor Francis Ryan. Er isolierte auxotrophe *Neurospora*-Mutanten und wies nach, daß sie spontan zum Ausgangszustand rückmutieren können. Die Überlegungen über die von Avery analysierte Transformation von Bakterien brachte ihn auf die Idee herauszufinden, ob bei bakteriellen Organismen sexuelle Vorgänge existieren oder nicht. Ihm war bewußt, daß bakterielle Sexualität – falls so etwas existieren sollte – den Weg eröffnen würde, um Bakterien genetisch bearbeiten zu können. Ursprünglich wollte Lederberg zur Durchführung der Experimente E. Tatum schreiben und ihn bitten, ihnen für diese Experimente einige *E.-coli*-Mutanten zu überlassen. Auf Anraten von Ryan bat er jedoch Tatum, ob er die geplanten Experimente in seinem Labor durchführen könne, denn so konnte er von Tatums Erfahrungen im Umgang mit den Mutanten profitieren. Tatum lud ihn für Anfang März 1946 nach New Haven ein, Mitte Juni waren die Experimente abgeschlossen, und selbst die eingereichte Publikation erschien noch im selben Jahr! So hatte Lederberg im Alter von 20 Jahren (!) eine Entdeckung von großer Tragweite gemacht, für die er 12 Jahre später mit dem Nobelpreis ausgezeichnet wurde. Edward Tatum hatte seine wissenschaftliche Laufbahn im Labor von Professor Beadle begonnen, der in den 30er Jahren seine wissenschaftliche Prägung in der berühmten

Abb. 24   Edward Tatum

Morgangruppe am Caltech erhalten hatte. Über die Wirkung und
die Bedeutung der »Ein-Gen-ein-Enzym«-Hypothese, die Beadle
und Tatum aufgestellt hatten, ist bereits einleitend im Buch berichtet worden. Beide erhielten für ihre Arbeiten zur Beziehung
zwischen Gen und Enzym 1958 den Nobelpreis. Um so amüsan-
ter ist die Episode, die Beadle in seinem Beitrag »Biochemische
Genetik: einige Erinnerungen« erzählt und die in der Festschrift
zu Ehren von Delbrücks 60. Geburtstag publiziert wurde:[26]
»Während wir bei diesen Arbeiten waren, besuchte Tatums un-
terdessen verstorbener Vater, Lawrie Tatum, damals Professor
für Pharmakologie an der Universität Wisconsin, Stanford. Bei
dieser Gelegenheit nahm er mich beiseite und gab seiner Sorge
über die Zukunft seines Sohnes Ausdruck. ›Er ist‹, sagte er, ›weder ein richtiger Biochemiker noch ein richtiger Genetiker. Wie
wird seine Zukunft aussehen?‹ Ich versuchte ihn zu beruhigen –
und dabei vielleicht auch mich –, indem ich betone, daß die biochemische Genetik ein kommendes Gebiet mit einer leuchtenden
Zukunft sei und daß nicht der geringste Anlaß zur Sorge be-
stünde.«

Obwohl Tatum zusammen mit Lederberg die bakterielle Sexualität entdeckt hatte, arbeitete er in den folgenden Jahren nicht auf dem Gebiet der Bakteriengenetik, sondern widmete sich der Analyse verschiedener Biosynthesewege bei *Neurospora* mit Hilfe biochemischer Mutanten. In der konsequenten, ja nahezu rigorosen Verwendung von Mutanten als Werkzeug molekularbiologischer Forschungen liegt zweifellos sein Hauptverdienst für die so fruchtvolle Synthese von Biochemie und Genetik.

E. L. Tatum, der seit 1948 an der Stanford-Universität arbeitete und zu einem beträchtlichen Teil organisatorische und bürokratische Aufgaben beim Aufbau des »Department of Biochemistry« leistete, widmete sich in späteren Jahren durch seine Mitarbeit im »National Science Board« der Förderung wissenschaftlicher Talente. Die letzten Jahre seines Lebens waren durch schwere gesundheitliche Probleme belastet, die er durch unmäßiges Rauchen forcierte. Der qualvolle Tod seiner zweiten Frau verschlechterte seinen Gesundheitszustand weiter, so daß er bereits 1975 verstarb. Wenig ist zu finden über seine Entwicklung und über seine Persönlichkeit. Selbst im Nachruf, den J. Lederberg verfaßte, steht in einer Fußnote die Aufforderung an die Leser, ihm jegliche Art von biographischen Dokumenten und Fakten zu schicken, um den Werdegang eines Forschers analysieren zu können, der zweifellos einer der Bahnbrecher ist, die die Entwicklung der Molekularbiologie ermöglichten.

Das Experiment

Im Jahre 1946 wurde nach einer kriegsbedingten Unterbrechung zum ersten Male wieder das Cold Spring Harbor Symposium für quantitative Biologie durchgeführt. Es war der »Vererbung und Variation im Mikroorganismus« gewidmet und sollte sich als eines der Schlüsselereignisse in der Geschichte der Molekularbiologie erweisen. Mutationen waren das dominierende Thema der Tagung. Drei Jahre zuvor hatten Luria und Delbrück den Zufallscharakter spontaner Mutationen nachgewiesen. Die Vorstellung, Mutationen bei Bakterien könnten dasselbe sein wie die Genmutationen bei höheren Organismen, elektrisierte und beflügelte die Teilnehmer, denn hierdurch wurden die Konturen allgemeingültiger Prinzipien sichtbar, die offensichtlich für viele, wenn nicht gar für alle Lebewesen charakteristisch sind. Von herausragender Wirkung war ebenso das bestehende Prinzip »Ein-Gen-ein-Enzym«, das G. Beadle und E. Tatum entwickelt hatten.

Aber in seiner bekannt bissigen Art bemerkte Delbrück hierzu, daß mit diesem Prinzip bisher nicht mehr bewiesen sei, als daß ein mutiertes Gen mindestens einem fehlenden Enzym entsprach. Die Sensation auf dieser Tagung war jedoch das von dem erst einundzwanzigjährigen Joshua Lederberg vorgestellte Phänomen bakterieller Sexualität. Danach sollten Bakterien Gene austauschen in einer analogen Weise, wie höhere Organismen durch sexuelle Vorgänge ständig den Genpool durchmischen, um so neues Rohmaterial für die Evolution zu liefern.

Das vorgestellte Experiment war vom Prinzip her sehr einfach, doch ausgesprochen elegant. Lederberg hatte anfänglich die Idee, zwei mutierte *E.-coli*-Stämme mit je einem biochemischen Defekt im gleichen Gefäß wachsen zu lassen und zu testen, ob vielleicht durch eine sexuelle Zellfusion und die damit möglichen genetischen Austauschvorgänge Bakterien entstehen, die weder den einen noch den anderen biochemischen Defekt haben. Normalerweise sind *E.-coli*-Bakterien in der Lage, alle erforderlichen Aminosäuren und Vitamine selbst aufzubauen, vorausgesetzt, man gibt ihnen eine Kohlenstoffquelle, wie z. B. Glucose, sowie anorganische Stickstoff-, Schwefel- und Phosphorverbindungen.

In ihrem entscheidenden Experiment ließen Lederberg und Tatum zwei Bakterienstämme miteinander wachsen, die jeweils drei genetische Defekte (Mutationen) hatten: abcDEF $\times$ ABCdef – so läßt sich dieser Kreuzungsversuch symbolisch darstellen, wobei die Kleinbuchstaben die defekten und die Großbuchstaben die entsprechenden intakten Gene repräsentieren. Man wußte auch damals schon um die Möglichkeit, durch Rückmutationen ein defektes in ein normales Gen zu verwandeln. Die Wahrscheinlichkeit hierfür liegt im Bereich von etwa 10^{-7}, das bedeutet: Unter 10^7 Bakterien wird sich etwa eine Rückmutation ereignen. Die leicht errechenbare Wahrscheinlichkeit für die gleichzeitige Rückmutation in drei verschiedenen Genen einer Bakterienzelle beträgt 10^{-21}. Einfache Kontrollexperimente bestätigten, daß auf Agarplatten ohne die erforderlichen Wachstumszusätze niemals solche Dreifach-Rückmutationen auftraten. Ließ man jedoch den beiden potentiellen Kreuzungspartnern ausreichend Zeit und Ruhe zum »sexuellen Paaren«, so entstanden tatsächlich Bakterien ohne die drei ursprünglichen Gendefekte. Damit war nachgewiesen: Auch zwischen Bakterien ist ein Transfer von Genen möglich, auch zwischen Bakterien gibt es sexuelle Austauschvorgänge!

Lederberg bezeichnete den Vorgang als »Konjugation«, und er war damals überzeugt davon, die genetische Rekombination komme durch eine wirkliche sexuelle Vereinigung der beiden Zellen zustande. Diese Vorstellung über den Mechanismus sollte sich jedoch bald als falsch herausstellen . . .

Im selben Jahr hatten Delbrück und Bailey sowie unabhängig davon auch Hershey das Phänomen der Rekombination bei Phagen nachgewiesen. Also nicht nur Bakterien »hatten ihren Spaß zusammen« – wie es Delbrück ausdrückte –, sondern auch die Bakteriophagen! 40 Jahre nach seinem Vortrag erinnerte sich Lederberg in der Zeitschrift »Genetics«, die neuerdings über eine Rubrik »Anekdotische, historische und kritische Kommentare zur Genetik« verfügt, daß seine Ergebnisse auf dem Cold Spring Harbor Symposium 1946 begeisterten Anklang fanden, mit einer Ausnahme: Max Delbrück. Er äußerte sich sehr skeptisch über die Befunde. Delbrück war ja auf der Suche nach einem grundlegenden, nicht weiter teilbaren Vorgang der Vererbung. Die Rekombinierbarkeit schien den Vorgang nur noch verwickelter zu machen, denn nun löste er sich offensichtlich auf in immer kleinere genetische Einheiten, die kombiniert werden konnten.

Obgleich Lederberg und Tatum später experimentell bewiesen, daß es zur Konjugation nur dann kommen kann, wenn die Zellen in direkten Kontakt miteinander treten, erwies sich ihre Vorstellung von der sexuellen Fusion der Zellen bald als unrichtig. Vielmehr zeigte sich, daß der genetische Austausch durch einen extrachromosomalen Faktor bei Zellkontakt vermittelt wird. Wie wir heute wissen, ist dieser Sexualfaktor, auch Fertilitätsfaktor (F) genannt, ein ringförmiges DNS-Molekül, ein Plasmid. Solche Plasmide sind zur autonomen Verdopplung fähig, d. h., sie codieren die Proteine, die bewerkstelligen, daß von einem Plasmid Kopien synthetisiert werden, damit bei der Teilung der Bakterienzellen jede neue Zelle Plasmidkopien erhalten kann. Zusätzlich tragen die Plasmide genetische Information, die zwar nicht lebensnotwendig ist, jedoch der Zelle bei bestimmten Umweltbedingungen einen beträchtlichen Vorteil gegenüber plasmidfreien Bakterien verleiht. Plasmide sind somit ein zusätzliches Reservoir an nützlicher genetischer Information.

Bakterien mit einem F-Plasmid zeigen eine veränderte Zelloberfläche. Im Gegensatz zu den F^--Bakterien, die kein solches Plasmid haben, bilden die F^+-Bakterien an der Zelloberfläche Fortsätze aus, die man heute als Sexualpili bezeichnet. Sie ermöglichen den Kontakt mit benachbarten Zellen. Sobald die »Zellpaare« entstanden sind, wird die Verdopplung des Plasmides eingeleitet und eine Tochterkopie des F-Plasmides über die Brücke zwischen den Zellen in die andere Zelle transferiert (Abb. 25). Es handelt sich also um einen einseitigen Transfer von einer

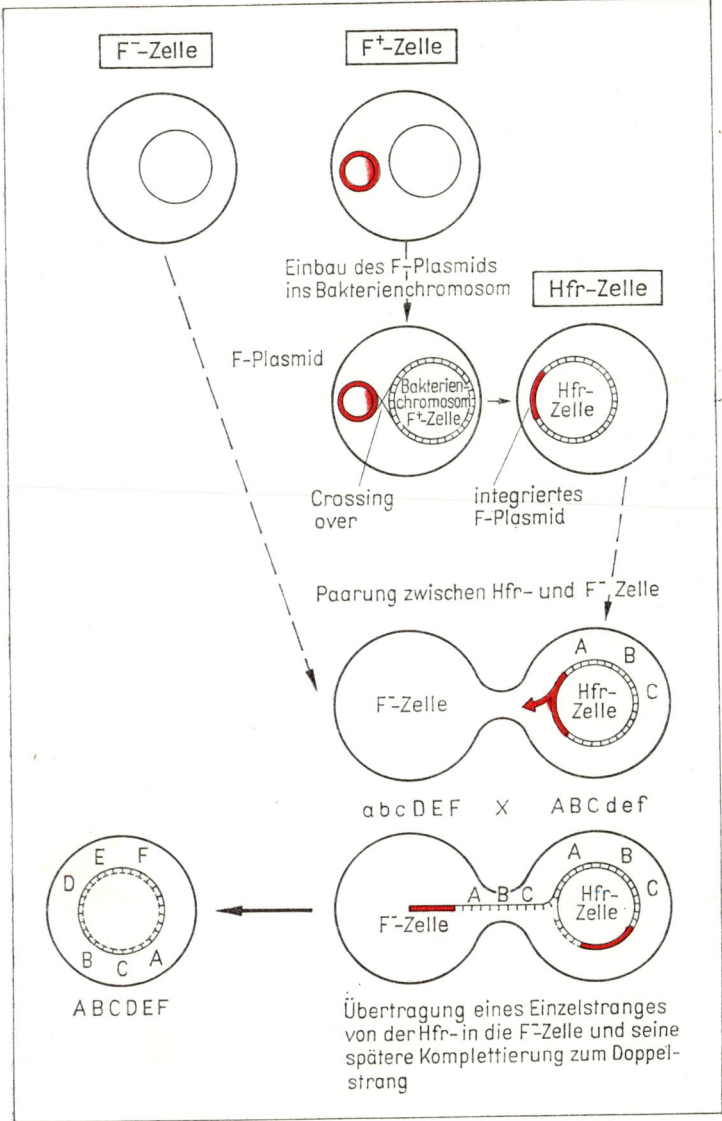

Abb. 25 Konjugation: Durch Ausbildung eines Sexualpilus zwischen zwei Bakterien wird die Übertragung genetischen Materials möglich.

F$^+$-Zelle in eine F$^-$-Zelle. Wenn ursprünglich nur wenige F$^+$-Zellen in einer Population von Millionen von F$^-$-Zellen existierten, so kann sich in wenigen Stunden der überwiegende Teil der F$^-$-Zellen in F$^+$-Zellen umwandeln. Die Verbreitung hat somit einen infektiösen Charakter. Obwohl die Ausbreitung der F-Plasmide so effizient ist, entstanden prototrophe Bakterien in Lederbergs Experiment lediglich mit einer Häufigkeit von 10^{-6}, d. h., pro einer Million Bakterien ließ sich durchschnittlich nur eine Zelle ohne biochemische Defekte nachweisen, entstanden durch die sexuellen Austauschvorgänge. Wo liegt der Grund für die drastischen Unterschiede, mit der einerseits F$^+$-Zellen und andererseits Prototrophe entstehen? Auch dieses Problem wurde bald verstanden. Das F-Plasmid hat die Fähigkeit, sich ab und an in das ringförmige Bakterienchromosom zu integrieren.

Bakterien mit integriertem F-Plasmid werden als Hfr-Stämme bezeichnet (Hfr – Abk. für »high frequency of recombination«, dt. hohe Rekombinationsfrequenz). Liegt das F-Plasmid integriert in dieser eingebauten Form vor, so kann unter günstigen Umständen das gesamte Bakterienchromosom in die Nachbarzelle gezogen werden. Man darf sich jetzt aber nicht vorstellen, auf diese Weise würde die »Spenderzelle« ihr Chromosom verlieren! Die Wahrheit ist: Mit dem Transfer gekoppelt, findet eine Neusynthese von genetischem Material statt, d. h., es werden Kopien von DNS-Abschnitten bzw. vom ganzen Chromosom transferiert.

Unter optimalen Bedingungen läßt sich die Kopie des gesamten Bakterienchromosoms in etwa 100 Minuten hinüberziehen. Bedenkt man hierbei, daß das Bakterienchromosom 3 Millionen DNS-Bausteine umfaßt, so läßt sich kalkulieren, daß pro Sekunde etwa 1 000 Nukleotide transferiert werden können. In der Regel hält die Brücke zwischen den sich paarenden Zellen nicht so lange und zerbricht, ehe größere Teile transferiert worden sind. Daher wurde der Sexualvorgang der Bakterien auch gern als ein »Coitus interruptus«-Ereignis bezeichnet.

So gilt der folgende Ausspruch des französischen Molekularbiologen F. Jacob nur in sehr seltenen Ausnahmefällen:[27] »Glückliche Wesen, bei denen die Vereinigung das Dreifache der mittleren Lebensdauer des Individuums hält!" Der neugierige Leser findet dieses Originalzitat in einer ansonsten sehr seriösen Veröffentlichung, in der der Vortrag wiedergegeben ist, den F. Jacob 1965 hielt, als ihm der Nobelpreis verliehen wurde.

Nachdem Lederberg mit dem Bakterienstamm *E. coli* K12 die Existenz sexueller Vorgänge eindeutig nachgewiesen hatte, testete er auch den Stamm *E. coli* B, auf den sich die Mitglieder der

Phagengruppe bereits lange geeinigt hatten. Dieser Stamm erwies sich aber als sexuell steril. Was immer Lederberg auch versuchte, bei dieser *E.-coli*-Variante ließ sich die Konjugation nicht nachweisen. Heute weiß man, daß Lederberg großes Glück hatte. Durchschnittlich zeigt nämlich nur einer von zwanzig zufällig aus der Natur isolierten *E.-coli*-Stämmen Konjugation. Was wäre geschehen, wenn Lederbergs Versuche erfolglos geblieben wären, weil er einen anderen *E.-coli*-Stamm verwendet hätte? Wie wäre dann die Entwicklung verlaufen? Wieviel Jahre wären verstrichen, ehe die bakterielle Sexualität entdeckt worden wäre? Aus Anlaß des vierzigjährigen Jubiläums veröffentlichte Harriet Zuckerman zusammen mit Joshua Lederberg ausgesprochen interessante Überlegungen über die Frage, ob die Entdeckung der bakteriellen Sexualität eine »verspätete«, »nachzeitige« Entdeckung war. Gregor Mendels Erkenntnisse zur Vererbung, die er im Jahre 1865 publizierte, sind das klassische Beispiel für eine vorzeitige Entdeckung. Damals war die Zeit noch nicht reif, die einzigartige Bedeutung der Entdeckung zu erkennen. Umgekehrt – so ist jedenfalls die Meinung von Zuckerman und Lederberg – verhält es sich mit der Entdeckung der bakteriellen Sexualität. Bereits 1908 – als erstmalig Resistenzmarker zur Selektion von bakteriellen Varianten verwendet wurden – hatte man das technische Rüstzeug, um Versuche zur bakteriellen Sexualität durchzuführen. Die Annahme von der Nichtexistenz bakterieller Sexualität war ein weithin akzeptiertes Dogma bis in die vierziger Jahre unseres Jahrhunderts. Bereits das Infragestellen dieser allgemein akzeptierten Ansicht war unseriös. Lederberg war mit seinen 20 Jahren ein noch völlig unbeschriebenes Blatt, er hatte keinen Ruf zu verlieren, nur einen zu gewinnen. Und dies ist ihm gelungen durch eine höchst unkonventionelle Denkweise, gepaart mit einer gehörigen Portion Glück . . .

Die Bedeutung

Bereits im Jahre 1947 – also gerade ein Jahr nach der Publikation von Lederberg und Tatum – äußerte Luria in einer Veröffentlichung die Ansicht, die bakterielle Sexualität werde sich als eine der wichtigsten Entdeckungen in der gesamten Geschichte der bakteriologischen Wissenschaft erweisen. Lurias Vorhersage wurde durch die Entwicklung der folgenden Jahre eindrucksvoll bestätigt: 1958 erhält J. Lederberg für seine Entdeckung und seine Arbeiten auf dem Gebiet der Bakteriengenetik den Nobelpreis. In seiner Laudatio führte Professor T. Caspersson aus:[28] »Die Bakteriengenetik hat sich – vor allem durch die Arbeiten von Lederberg und Mitarbeiter – in den letzten Jahren in ein extensives Forschungsgebiet entwickelt. Er trug weitere Befunde für die Annahme bei, daß die genetischen Mechanismen bei Bakterien denen der höheren Organismen entsprechen. Mehr noch, dank der einfachen Struktur und des ungewöhnlich schnellen Wachstums haben sich durch die Bakterien neue und exzellente Möglichkeiten aufgetan für ein detaillierteres Studium der genetischen Mechanismen. Lederberg hat viele Beiträge auf diesem Gebiet geliefert. Besonders bedeutsam ist seine Entdeckung, daß die sexuelle Fertilisation (Konjugation) nicht der einzige Prozeß ist, der zur Rekombination von Merkmalen in Bakterien führt. Bruchstücke von genetischem Material können – sobald sie in die Bakterienzelle eingeführt worden sind – ein Teil des genetischen Materials der Bakterienzelle werden und so deren Eigenschaften verändern. Dies wird gewöhnlich als ›Transduktion‹ bezeichnet und ist das erste Beispiel, das demonstriert, daß es möglich ist, experimentell das genetische Material eines Organismus zu manipulieren und dadurch dem Organismus neue Eigenschaften zu verleihen. Arbeiten auf diesem Gebiet werden inzwischen in vielen Laboren in unterschiedlichen Teilen der Welt durchgeführt.«

Auferweckung der Toten:
Die Entdeckung der DNS-Reparatur (1949)

Das wissenschaftliche Problem

»Wissenschaft macht den Eindruck, als sei sie eine großartige Kathedrale, eine enorme Struktur, gebaut von fortwährenden Anstrengungen vieler Generationen durch viele Jahrhunderte. Aber es ist eben keine Kathedrale, weil sie nicht geplant worden ist! Niemand hat die wissenschaftliche Kathedrale geplant. Dem Studenten erscheint es, als sei sie geplant. Der Student kriegt drei Bände Feyman Vorlesungen, ein 1 300 Seiten starkes, großartiges Lehrbuch über organische Chemie, und andere Lehrbücher. Er sagt sich: ›Aha, vor 150 Jahren waren wir so-und-so-weit ... Heute stehen wir hier. In der Zwischenzeit ist all dies gefunden worden, und jetzt fahre ich hier fort.‹ Worauf es mir ankommt, ist klarzumachen, daß Wissenschaft das alles überhaupt nicht ist. Wissenschaft ist primär willkürliches Spielen und Davon-Besessen-Sein und ist nicht: gesagt bekommen ›Hier zu Seite 1065 trage Deinen Backstein bei, oder wir werden Dir den Dr. phil. nicht geben.‹ So ein Student, befragt, was er tue, wird vielleicht antworten: ›Ich baue eine Kathedrale‹, oder wahrscheinlich eher: ›Ich lege Steine dazu‹, oder vielleicht sogar ›Ich verdiene $ 4.50 die Stunde‹ . . .«[29] Diese Passage aus einem Interview, das mit Delbrück Anfang der 70er Jahre geführt worden ist, wirft ein helles Licht auf das für Uneingeweihte so undurchsichtige Feld der Wissenschaftsentwicklung. Der Leser sollte gerade bei dem jetzt folgenden Experiment darauf achten, welche verwickelten Wege die Wissenschaft oft geht.

Erst im nachhinein, wenn die überraschenden Ergebnisse vorliegen, wird manchmal das wirkliche Problem deutlich, das gelöst wurde, ohne es zuvor erkannt zu haben.

So soll zuerst das Problem dargestellt werden, dessen Lösung mit dem nachfolgend geschilderten Experiment gar nicht beabsichtigt war, die Ergebnisse jedoch den Weg dahin unerwartet eröffneten: Eine zentrale Erkenntnis der modernen Physik ist die Tatsache, daß alle mikroskopischen Phänomene sich quantenhaften Störungen nicht entziehen können. Über die Zeit hinweg häufen sich solche Störungen an, die makroskopischen Strukturen verändern sich und zerfallen schließlich. Dies trifft nicht nur für leblose Materie zu – denken wir an rostende Autos oder auch an die Utensilien auf den häßlichen Müllkippen inmitten der letzten schönen Flecken der Natur –, sondern das Gesetz der »schleichenden Selbstzerstörung« gilt auch für Lebewesen. So erklären sich das Altern und der Tod höherer Organismen zumindest zum Teil durch die Anhäufung zufälliger Übersetzungsfehler bei der Ablesung der genetischen Information, in deren Folge zwar langsam, aber unausweichlich die intakten Strukturen der Organismen abgebaut werden. (Der interessierte Leser sei auf die Fehlerkatastrophentheorie verwiesen, die der Amerikaner Orgel 1963 veröffentlichte.) Wie aber ist es da möglich, daß über Millionen von Jahren bestimmte Arten unverändert existieren können, wo sich doch schon innerhalb eines kurzen Lebens die Zufallsfehler im genetischen Text ansammeln und mitverantwortlich für den Tod der Organismen sind? Mit unserem heutigen Wissen kann man die Frage noch viel präziser stellen: Wie ist es möglich, daß genetische Programme, die bei höheren Organismen mehrere Milliarden genetischer Bausteine umfassen, von Generation zu Generation nahezu unverändert weitergegeben werden können, obwohl man heute gesicherte Kenntnisse darüber hat, daß sich z. B. in einer einzigen menschlichen Zelle pro Tag mehr als 15 000 DNS-Schäden ereignen? Die Antwort sei vorweggenommen: Alle Lebewesen verfügen über eine Vielzahl unterschiedlicher enzymatischer Reparatursysteme. Diese Reparatursysteme patrouillieren ständig entlang der DNS-Ketten und erkennen nicht nur spontane und induzierte Schadstellen, sondern sie entfernen sie auch und stellen die ursprüngliche Sequenz wieder her.

Es gibt eine beträchtliche Anzahl unterschiedlicher Schadenstypen, und demgemäß gibt es auch eine erstaunliche Vielfalt ganz unterschiedlicher DNS-Reparatursysteme. Die ersten Hinweise auf die Existenz eines einfachen, aber bestechend eleganten Reparatursystems brachte das folgende Experiment . . .

Das Experiment

Ein oft zitierter Leitsatz für experimentelle Arbeiten ist das von Delbrück formulierte »Prinzip der kontrollierten Schlampigkeit«, doch wer weiß heute noch, daß es erst die völlig überraschende Entdeckung einer höchst erstaunlichen Art von DNS-Reparatur war (genannt Photoreaktivierung), die ihn zu dieser provokanten These veranlaßte.

So schrieb er Ende 1948 in einem Brief an Luria:[30] »Die Photoreaktivierung ist ein Schock. Ein Wunder, daß man den Effekt vorher nicht gefunden hat. Es zeigt, daß viele zu lässig gearbeitet haben, um es zu bemerken, und daß Du . . . zu genau warst, um ihm zu begegnen. Es ist das alte Prinzip der gemäßigten Schlampigkeit, das Entdeckungen ermöglicht . . . wenn Du nur schlampig bist, gibt es keine reproduzierbaren Ergebnisse, und man kann nichts erkennen. Wenn Du aber ein wenig nachlässig bist und dabei etwas Auffälliges bemerkst . . ., dann versuche es zu fassen.«

Nach James Watsons Aussage – der gerade zur Phagengruppe gestoßen war und bei Luria seine Doktorarbeit begonnen hatte – war die Entdeckung der Photoreaktivierung zumindest für die Phagengruppe das Ereignis des Jahres, über das immer wieder diskutiert wurde. Eine Abbildung aus der Originalarbeit von Kelner – dem Mitarbeiter Delbrücks, der die Photoreaktivierung bei Bakterien entdeckte – kann uns sehr schnell veranschaulichen, was sich hinter dem Begriff Photoreaktivierung verbirgt. Doch zuvor einige notwendige Erläuterungen. Kurz nachdem H. J. Muller 1927 der Nachweis gelang, daß Röntgenstrahlen Mutationen induzieren, entdeckte man eine analoge Wirkung der ultravioletten Strahlung. Diese UV-Strahlung, die auch einen Teil der Sonnenstrahlung ausmacht, führt zur Auslösung von Mutationen und zur Abtötung von Individuen. So lag die Vermutung nahe, die UV-Strahlung wirke direkt auf das genetische Material ein, beschädigt es und löst auf diese Weise mutative oder gar letale Veränderungen aus. Je größer die einwirkende UV-Dosis, um so geringer ist der Anteil überlebender Individuen einer Population. Diese Beziehung zeigt die Abb. 26 für Bakterien. Werden die Bakterien aber nach der UV-Bestrahlung einer intensiven Einwirkung des natürlichen Lichtes ausgesetzt, so ist die Absterberate drastisch reduziert (Abb. 26). Der Italiener Renato Dulbecco, Mitarbeiter von Luria, fand das gleiche Phänomen für Bakteriophagen. Dulbecco zeigte, daß die Photoreaktivierung UV-bestrahlter Bakteriophagen extrazellulär nicht möglich war, sondern nur

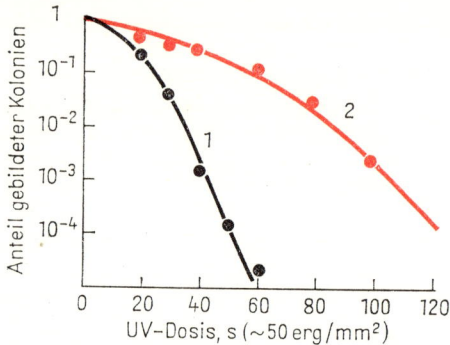

Abb. 26 Das Phänomen der Photoreaktivierung
Die durch Einwirkung von UV-Strahlen schwer beschädigten Bakterien überleben wesentlich besser, wenn danach sichtbares Licht auf die Bakterien ein-
wirkt.

im Innern der Bakterienzellen erfolgte. Dieses mysteriöse, aber
stets reproduzierbare Phänomen begeisterte die Mitglieder der
Phagengruppe. Was bewirkte die »Auferweckung der Toten«?
Ohne das sichtbare Licht waren die durch UV-Strahlen tödlich
beschädigten Phagen oder Bakterien offensichtlich verloren. Vor
40 Jahren konnte eine befriedigende Erklärung nicht gefunden
werden, heute kennt man die Antwort bis ins letzte molekulare
Detail (Abb. 27): Die UV-Strahlen führen zur Vernetzung be-
nachbarter Pyrimidinbasen (Thymin oder Cytosin). Diese entstehenden Dimere sind von tödlicher Wirkung, falls sie nicht sehr
schnell entfernt werden. Der einfachste und effektivste Weg wird
durch ein Enzym bewerkstelligt, das den Namen photoreaktivie-
rendes Enzym erhalten hat. Dieses Enzym erkennt die strukturelle
Unregelmäßigkeit, die durch ein Pyrimidindimer hervorgerufen
wird, und es setzt sich auf diese beschädigte Stelle. Das Enzym
vermag die chemische Vernetzung aufzulösen, vorausgesetzt, es
wird durch sichtbares Licht aktiviert. Bei den meisten pro- und
eukaryotischen Organismen, die man daraufhin analysierte, ist
dieses photoreaktivierende Enzym auch nachgewiesen worden. Die
Erklärung hierfür scheint einfach zu sein: Bereits vor mehr als
3 Milliarden Jahren waren die ersten primitiven Organismen der
tödlichen Wirkung des Sonnenlichtes ausgesetzt. Ohne effektive
Reparatursysteme hätten die Organismen nicht überleben können.
So gehört die Evolution enzymatischer Reparatursysteme zu den
frühesten Ereignissen in der Geschichte der Organismen.

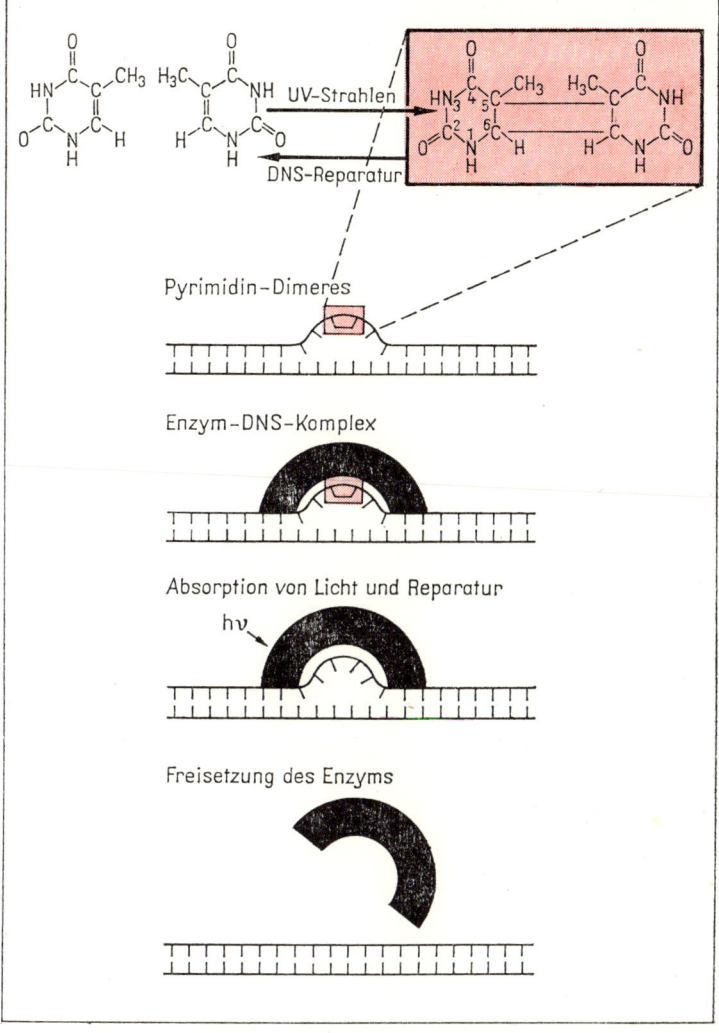

Abb. 27   Prinzipieller Mechanismus der enzymatischen Photoreaktivierung
Ein Reparaturenzym erkennt die durch UV-Strahlen bedingte Vernetzung
von benachbarten DNS-Basen (Pyrimidinen) und bindet diese Schadstelle.
Durch Einwirkung von sichtbarem Licht wird das Enzym aktiviert und
schneidet die Vernetzung auf.

Schon 1942 machten Luria und Delbrück eine eigenartige Entdeckung: Sie analysierten das Schicksal stark UV-bestrahlter Phagen. Solange pro Bakterienzelle nicht mehr als ein Phage da war, hefteten sich die Phagen zwar an die Bakterien, doch konnte keine Vermehrung beobachtet werden. Das ist ja auch nicht unverständlich, denn das genetische Material der Phagen ist angefüllt mit tödlichen Schäden. Wenn aber die Konzentrationen so gewählt wurden, daß sich zwei oder mehr Phagen pro Bakterienzelle anheften konnten, so fingen die Phagen an, Nachkommen zu produzieren, obwohl die Schädigung des Erbguts genauso stark war! Dieses doch recht erstaunliche Phänomen nannte man Multiplizitätsreaktivierung. Damals konnte noch keine eindeutige Erklärung gefunden werden. Heute aber weiß man, daß durch Rekombinationsereignisse in der Bakterienzelle DNS-Segmente ausgetauscht werden, aus zwei kaputten Phagenmolekülen kann durchaus ab und an ein intaktes Phagenmolekül entstehen. Das ist natürlich zur Vermehrung fähig und wird in gewohnter Weise die Bakterienzelle lysieren ... Da haben Luria und Delbrück bereits vier Jahre vor Lederberg die Rekombination entdeckt, mag der aufmerksame Leser denken. Das aber ist eine Fehleinschätzung: Das Phänomen der Multiplizitätsreaktivierung beruht auf der Rekombination, es konnte 1942 noch nicht erkannt werden, denn dazu hätte man die beiden miteinander rekombinierenden Phagen durch unterschiedliche nachweisbare Mutationen markieren müssen. Solche Art von Experimenten wurde erst einige Jahre später von Bailey und Delbrück sowie unabhängig davon auch von Hershey durchgeführt, und die 1946 entstandenen Publikationen beschreiben die Rekombination bei Phagen. Bailey war bei diesen Experimenten aufgefallen, daß der Anteil der durch UV-Licht inaktivierten Phagen nicht konstant gehalten werden kann, es traten starke, vorerst nicht zu deutende Schwankungen auf. Viel später gingen Kelner und Dulbecco diesem Phänomen nach, denn sie merkten, daß die Intensität des Tageslichts einen Einfluß auf die Zahl UV-inaktivierter Phagen bzw. Bakterien hatte. Plötzlich erkannten nicht wenige Mitglieder der Phagengruppe, warum in vielen Versuchen starke Schwankungen aufgetreten waren. Wenn das Tageslicht ein so entscheidender Faktor ist, wird natürlich klar: Versuche in der Nähe des Fensters bringen andere Zahlen als in dunkleren Teilen des Labors. Mal stellt man die Platten nebeneinander, mal aufeinander ... Auch da kann sich der Einfluß des Lichtes bemerkbar machen! Auf der nächsten Phagentagung im Sommer 1949 stellte Delbrück einleitend das Phänomen von der »Erweckung der Toten« durch sichtbares Licht vor. Fischer schreibt in seiner Delbrück-Biographie darüber:[31] »Bei seiner Einleitung zum Oak Ridge Meeting von 1949 erzählte Max von seiner Verblüffung, daß die Genetiker so lange gebraucht hätten, um diesen Effekt zu bemerken. Unzählige Leute hätten Überlebensraten gemessen, und alle hätten sicher gedacht, ihre Versuche unter kontrollierten Bedingungen ausgeführt zu haben. Sie hatten sich aber geirrt. Als endlich zwei Leute ihre Schlampigkeit begrenzten, wäre daraus ein Erfolg geworden. Dulbecco war aufgefallen, daß bei gestapelten Platten die Ausbeute oben durchweg höher lag als unten, und Kelner hatte bemerkt, daß eine Lampe im Wasserbad einen systematischen Unterschied ausmachte. (Kelner fand an der Bemerkung von Max im übrigen keinen Gefallen, er sei nicht schlampig, rief er ihm zu.)«

Die Wissenschaftler

Delbrücks Antwort auf die Frage »Ist Wissenschaft etwas, was wir hauptsächlich um ihrer selbst willen betreiben, wie Musik oder Kunst, oder ist sie etwas, was wir als Werkzeug benutzen zur Verbesserung unserer äußeren Existenz?« fiel in dem zuvor erwähnten Interview recht eigen aus. Statt einer präzisen Erwiderung beschrieb er eine Episode aus Samuel Becketts Roman »Molloy«. (Samuel Beckett erhielt den Nobelpreis für Literatur im gleichen Jahr, wie Delbrück, Luria und Hershey diese höchste wissenschaftliche Auszeichnung verliehen wurde.) Das gesamte Buch ist eine Art von Selbstgespräch, das ein völlig vereinsamter und heruntergekommener Mann über sein Leben führt. In dieser von Delbrück dargestellten Episode geht es um ein Problem, das Molloy, einsam am Strand sitzend, zunehmend beschäftigt. Was immer die Gründe sein mögen, er hatte sich angewöhnt, Kieselsteine zu lutschen. 16 schöne Lutschsteine hatte er ausgewählt und auf seine vier Hosen- und Manteltaschen verteilt. Im Turnus wollte er sie beständig wechseln. Dabei ärgerte ihn der Gedanke, daß er ja per Zufall fast immer denselben Stein lutschen könnte, statt jeden »gleichberechtigt« zu verwenden. Dieses Problem packte ihn zunehmend, und er sann und sann nach immer neuen Verteilungsvarianten mit dem Ziel, mehr Sicherheit zu bekommen, alle gleichanteilig zu verwenden. Diese Episode bezeichnete Delbrück als Parabel vom Homo scientificus, für den vor allem zwei Dinge kennzeichnend sind: Intuition und besessene Fixierung auf ein zunehmend interessantes Problem. Diese Art von Besessenheit jenseits allen Maßes von Vernuft, die in Becketts Episode deutlich wird, hat für Delbrück große Ähnlichkeit mit der Art, wie wirkliche Kunst, Musik und auch Wissenschaft betrieben wird. Und er führt hierzu aus:[32] »Man muß nicht einmal auf Beethoven schauen, um davon überzeugt zu sein. Beobachten sie irgendein fünfjähriges Kind, das von einem schöpferischen Problem besessen ist, wie es in Zorn und Verzweiflung ausbricht, wenn es nicht damit zurandekommt . . . Der Punkt, auf den es ankommt, ist aber dieser: Der Mensch ist nicht nur der Homo faber, der Werkzeugmacher. Das große Gebäude der Wissenschaft, in Jahrhunderten errichtet aus den Anstrengungen vieler Leute in vielen Nationen, gibt uns die Illusion einer riesigen Kathedrale, gebaut in ordentlicher Weise nach einem Meisterplan. Jedoch es gab niemals einen Meisterplan. Das Gebäude ist das Resultat der Kanalisierung unserer intellektuellen Besessenheiten in ein vereinigtes Programm. Trotz dieser Kanalisierung war der Fortschritt der Wissenschaft zu allen Zeiten und ist noch heute ungeheuer ungeordnet aus eben dem Grunde, weil da kein Meisterplan sein kann.

Was also können wir tun, wenn wir entschieden haben, daß innovierende Wissenschaft zu gefährlich ist? Ich weiß es nicht, aber eins ist gewiß: Man müßte sehr viel am Menschen manipulieren – politisch, wirtschaftlich, ernährungsmäßig, genetisch –, wenn man den Homo scientificus unter Kontrolle bringen wollte.«

Warum erwähne ich so ausführlich Delbrücks extrem erscheinende Auffassungen über die Art, wie Wissenschaft betrieben wird? Weil darin ein beträchtliches Stück Wahrheit steckt: Wirklich gute Wissenschaft braucht natürlich vieles: Methoden, internationale Kontakte, Geräte, Finanzen usw. Ganz entscheidend für wirklich gute Wissenschaft sind Bedingungen, wo trotz aller notwendigen Belastungen und Verpflichtungen ausreichend Zeit und Muße vorhanden ist, um mit Ideen zu spielen mit der gleichen Besessenheit und Motivation, wie Kinder es auf der Spielwiese treiben. Der Wissenschaftler, der von Sitzung zu Sitzung und von Bericht zu Bericht hetzt, ist ganz sicher nicht mehr dazu in der Lage. Ich erwähne Delbrücks Ansichten gerade in diesem Abschnitt, weil bei der Entdeckung der Photoreaktivierung eine andere Seite der Wissenschaft zum Vorschein kam, die Delbrück zwar verachtete und mißbilligte, aber die eben doch zur Wissenschaft gehört. Gemeint ist die Sehnsucht vieler Wissenschaftler nach äußerem Erfolg, Anerkennung, Ruhm, Position, Einfluß und letztlich auch Macht. Mit der Entdeckung der Photoreaktivierung kam es nämlich zum ersten Male unter den Mitgliedern der Phagengruppe zum wirklichen Streit um die Priorität. Sowohl Kelner als auch Dulbecco beanspruchten für sich, die Photoreaktivierung entdeckt zu haben. Sie beschuldigten sich gegenseitig, daß der andere über andere von dem anderen erfahren habe usw. Die Spielwiese war zum Sportplatz geworden, und der Sportplatz drohte, zur Kampfarena zu werden, in der man um den Sieg rennen und kämpfen mußte, statt in Muße und Gelassenheit sich zu tummeln aus Freude und Vergnügen über das Privileg, dem Leben meist kleinere, ab und an mal auch größere Geheimnisse zu entreißen. Delbrück waren derartige Auseinandersetzungen zuwider, doch selbst er wurde in ähnliche Probleme verwickelt, wenngleich die Meinungsverschiedenheiten weniger stark waren. So schrieb Hershey – einer der drei großen Männer des Phagentrios neben Delbrück und Luria – an seine beiden Mitstreiter im Jahre 1951 einen Brief, in dem es um die Festlegung der Prioritäten geht, dessen Ton auch ein wenig Sarkasmus erkennen läßt:[33]

». . . Jeder stimmt zu, daß Luria die Vielfachreaktivierung entdeckt hat. Jeder stimmt auch zu, daß Delbrück und Bailey die genetische Rekombination entdeckt haben. Dem folgten Hershey und Rotman mit einigen interessanten Entdeckungen. All das stimmt zwar, paßt aber nicht zusammen. Delbrück und Bailey entdeckten die genetische Rekombination, grob gesagt, in dem Sinne, in dem sie auch die Vielfachreaktivierung entdeckten. Daraus folgt, daß grob gesagt, Hershey die genetische Rekombination in demselben Sinne entdeckte wie Luria die Vielfachreaktivierung. Persönlich meine ich, daß Delbrück und Luria 1942 schon alles entdeckt haben.« All das waren Anzeichen dafür, daß die Phagenforschung nicht mehr auf der Spielwiese stattfand, dafür waren es zu viele Mitarbeiter geworden, und der Konkurrenzkampf nahm zu. Besonders sarkastisch beschreibt in späteren Jahren Erwin Chargaff – der in den vierziger Jahren entscheidende Erkenntnisse über die chemische Zusammensetzung der Nukleinsäuren gewann und so eine ganz wesentliche Voraussetzung schuf für Watsons und Cricks Modell – in seiner Autobiographie, wie die Entwicklung der Molekularbiologie den Charakter der Biowissenschaften verändert hat. Mit beißender Ironie verglich er die jungen amerikanischen Wissenschaftler mit hochgezüchteten Rennpferden, die nichts anderes mehr im Kopf haben, als das Rennen zu gewinnen. Nun sind wir von der Entdeckungsgeschichte der Photoreaktivierung weit abgekommen zu den unterschiedlichen Motiven, Wissenschaft zu betreiben. Doch erscheint mir das durchaus gerechtfertigt zu sein, denn mit der Photoreaktivierung entbrannte zum ersten Male der Streit um Prioritäten, und dies war ein Anzeichen dafür, daß aus dem Spiel ein Wettlauf wurde. In seinem berühmten Buch »Die Doppelhelix« beschreibt Watson die Entdeckung der Aufstellung des DNS-Modelles sogar als einen gnadenlosen Wettlauf um den Nobelpreis . . .

Vielleicht hat diese Entwicklung auch dazu mit beigetragen, daß Delbrück sich bereits 1950 entschloß, ein neues Gebiet zu bearbeiten und nochmals eine neue, kleine und überschaubare Forscherfamilie, die Phycomycesgruppe, aufzubauen . . .

Was aber ist aus Kelner und Dulbecco geworden? Über Kelners weiteren Werdegang habe ich kaum Material finden können. Dulbecco wurde dagegen zum Begründer der Tumorvirologie, indem er seine Erfahrungen aus der Phagengruppe nutzte und vergleichbare Methoden für tierische Viren entwickelte. Für seine Verdienste erhielt er später den Nobelpreis . . .

Der Stoff aus dem die Gene sind:
DNS und nicht die Proteine! (1952)

Das wissenschaftliche Problem

Im Jahre 1928 berichtete der englische Mikrobiologe Griffith über eine Entdeckung, die heute als ein Markstein in der Geschichte der Genetik betrachtet wird, damals aber kaum Beachtung fand (Abb. 28). Griffith arbeitete mit Pneumococcus-Bakterien, zu de-

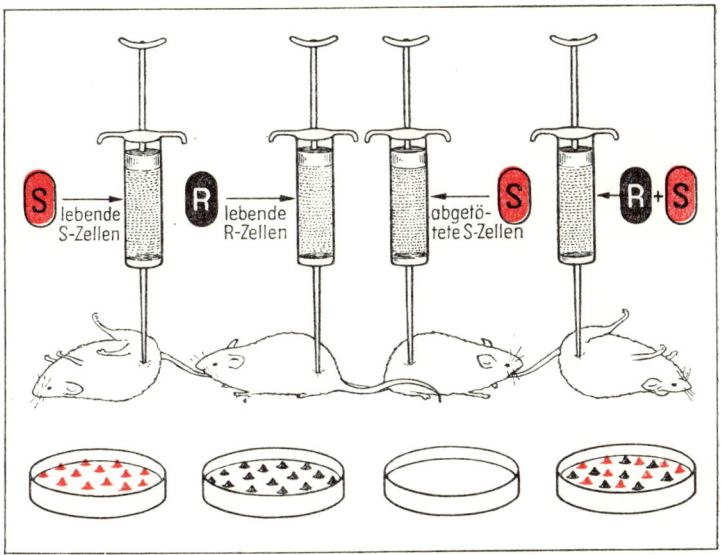

Abb. 28   Darstellung des 1928 von Griffith erstmals beschriebenen Phänomens der Transformation

105

nen auch der Erreger der Lungenentzündung gehört. Diese krankheitsverursachenden Bakterien bilden eine feste Hülle (Kapsel) aus, so daß die Kolonien auf einer Agarplatte glattrandig und glänzend wirken (engl. smooth, daher werden diese Bakterien als S-Form bezeichnet). Sobald aber solche Bakterien infolge einer Mutation die Fähigkeit zur Kapselbildung verloren haben, werden die Kolonien rauh und matt (engl. rough, daher die Bezeichnung als R-Form). Diese R-Formen haben ihre krankmachende Wirkung verloren, so daß Mäuse, die mit diesen avirulenten R-Formen geimpft werden, nicht erkranken und sterben. Sobald aber S-Formen injiziert werden, sterben die Mäuse. Griffiths erstaunliche Entdeckung bestand in folgender Beobachtung: Injiziert man die harmlosen R-Formen gemeinsam mit zuvor abgetöteten S-Formen, so ging ein Teil der Versuchstiere an Blutvergiftung zugrunde, obwohl die gefährliche Bakterienform zuvor abgetötet worden war. Die Erklärung: Von den abgetöteten S-Zellen muß ein Zellbestandteil bzw. eine bestimmte Molekülform in die lebenden, harmlosen R-Formen gelangt sein, wodurch die Fähigkeit zur Kapselbildung übertragen wurde. Die harmlosen S-Formen waren so in die tödlichen R-Formen umgewandelt, d. h. transformiert worden. Welche Stoffklasse ist Träger der genetischen Information? Diese Frage konnte Griffith nicht beantworten. Für die Mikrobiologen war diese Transformation von einer Bakterienform in eine andere ebenso verwirrend wie für die Atomphysiker die Umwandlung von Elementen durch Einwirkung von Neutronen und Protonen. Dennoch konnte es sich nicht um einen Artefakt handeln, denn noch im selben Jahr wurde die Transformation in Berlin und ein Jahr später auch in den USA bestätigt. Besonders beschäftigte dieses Transformationsphänomen den amerikanischen Immunologen und Mikrobiologen O. Avery, der mit eben solchen Bakterien arbeitete, die Lungenentzündung hervorriefen. Anfangs stand Avery der Transformation sehr skeptisch gegenüber, denn diese Ergebnisse standen im drastischen Widerspruch zu seinen eigenen Befunden über die Konstanz immunologischer Typen von Bakterien. Doch bereits Anfang der dreißiger Jahre konnten Mitarbeiter von Avery zeigen, daß die Transformation auch ohne Mäuse funktionierte. Es genügte, die harmlosen R-Formen zusammen mit hitzegetöteten S-Formen im selben Gefäß zu züchten, um die Transformation zu bewirken. Wenige Monate später gelang es J. L. Alloway – ebenfalls Mitarbeiter von Avery – durch ein einfaches Experiment, der Erklärung näher zu kommen. Er brach die glatten, abgetöteten Bakterien auf, passierte die Kultur durch einen Filter, wodurch die Kapseln und auch alle unaufgebrochenen Zellen zurückgehalten wurden, und analysierte den zellfreien Extrakt auf seine transformierende Wirkung. Tatsächlich zeigte sich zweifelsfrei, allein die Hinzufügung des zellfreien Extraktes reicht aus, um eine Transformation der harmlosen R-Formen zu bewirken. Seit dieser Zeit stellte sich Avery immer und immer wieder die Frage: »Welche Substanz ist dafür verantwortlich?« Natürlich mußte man annehmen, daß in der Zelle zur Verschlüsselung der genetischen Information komplexe Makromoleküle verwendet wurden. Aber welche Klasse von Makromolekülen fungiert als Träger der genetischen Information? Waren es die Polysaccharide, d. h. die langkettigen Zuckermoleküle? Oder aber die Proteine, die wegen ihrer ungeheuren Vielfalt besonders geeignet erschienen, um als Träger der genetischen Information zu fungieren? Könnten es nicht auch die Nukleinsäuren sein, von denen es zwei Klassen gab: die DNS-Moleküle und die RNS-Moleküle, die aber, nur aus vier unterschiedlichen Bausteinen bestehend, kaum die notwendige Vielfalt hervorbringen könnten?

Schritt um Schritt versuchte Avery in den folgenden 10 Jahren (!) das Geheimnis zu lüften, indem er mit der für ihn charakteristischen Sorgfalt und Gründlichkeit die einzelnen Stoffklassen trennte und sie auf ihre transformierende Wirkung überprüfte. Rollin Hotchkiss, einer der Mitarbeiter Averys, berichtete später:[34] »Meine persönlichen Aufzeichnungen des Jahres 1936 erinnern an eine jener Diskussionen über die Transformation. Avery skizzierte, daß der Stoff, der die Transformation bewirkt, kaum ein Kohlenhydrat sein kann, nicht sehr gut zu den Proteinen paßt und schlug nachdenklich vor, es könne sich um eine Nukleinsäure handeln.«

Am 13. Mai 1943 schrieb Avery seinem Bruder einen siebzehnseitigen Brief über seine sensationellen Befunde:[35] »Endlich haben wir es vielleicht. Die aktive Substanz wird vom kristallinen Trypsin oder Chymotrypsin nicht angegriffen, verliert bei Behandlung mit kristalliner Ribonuclease ihre Aktivität nicht . . . Das Polysaccharid kann . . . (aus dem Rohextrakt) ohne Verlust der transformierenden Aktivität . . . entfernt werden . . . Bei weiterer Fraktionierung . . . trennt sich eine fasrige Substanz ab . . ., die hochreaktiv ist und bei Elementaranalyse dem theoretischen Wert reiner Desoxyribonucleinsäure sehr nahe kommt. – Wenn wir recht haben, und das ist natürlich noch nicht sicher, dann bedeutet dies, daß Nucleinsäuren nicht nur strukturell wichtig, sondern bei der Kontrolle der biochemischen Aktivitäten und spezifischen Charakteristika der Zellen funktionell aktive Substanzen sind, und daß es mittels einer bekannten chemischen Substanz möglich ist, in Zellen vorhersagbare und vererbbare Änderungen hervorzurufen. Das ist etwas, von dem die Genetiker lange geträumt haben . . . Es klingt wie ein Virus – es könnte auch ein Gen sein . . .«

Ein Jahr später erschien die Arbeit von O. Avery, C. M. MacLeod und M. McCarty, die sich nicht nur durch äußerste Präzision und Sorgfalt in der Darstellung, sondern auch durch große Zurückhaltung in der Interpretation der Ergebnisse auszeichnet. Judson schreibt hierüber:[36] »Averys Zurückhaltung in der Öffentlichkeit steht in peinlichem Kontrast zur Selbstsicherheit von Watson und Crick neun Jahre später. Der Preis dafür mag hoch gewesen sein. Das Gremium, das über die Verleihung des Nobelpreises entscheidet, hatte seine Aufmerksamkeit auf die Arbeit von Avery gerichtet. Es wartete auf die zweite Runde der Entdeckungen. Avery war 67 Jahre alt, als seine Veröffentlichung erschien. Sie war, wie Chargaff anerkennend schrieb, ›das immer seltenere Beispiel, daß ein alter Mann eine große wissenschaftliche Entdeckung macht‹. Es war nicht seine erste gewesen. Er war ein stiller Mensch. Es hätte der Welt mehr zur Ehre gereicht, wenn sie ihn mehr geehrt hätte! Avery starb 1955.« Die Botschaft der Arbeit war von epochaler Bedeutung, vergleichbar mit der Entdeckung von Gregor Mendel. Warum aber wurde von diesem sensationellen Befund, daß die DNS offensichtlich Träger der genetischen Information ist, in den folgenden Jahren kaum Notiz genommen?

Erhard Geissler hat in dem von ihm herausgegebenen Buch »Desoxyribonucleinsäure – Schlüssel des Lebens« folgende Antwort gegeben:[37] »Offenbar gab es dafür mindestens zwei Gründe: Erstens schien, wie es Watson (1968) formulierte, ›keiner der Biologen die Erkenntnis, daß die Gene aus DNS bestanden, ernst zu nehmen. Das war ihnen allen zu chemisch‹. Der zweite Grund, auf den neben anderen Chargaff 1958 hinwies, bestand darin, daß man sich nicht vorstellen konnte, wie in den – nach der noch in den vierziger Jahren vertretenen Ansicht – sehr gleichförmigen, aus identischen Tetranucleotiden zusammengesetzten DNS-Molekülen genetische Information verschlüsselt sein sollten.« Avery hatte offensichtlich seine Entdeckung zu früh gemacht! . . .

In einem Brief schrieb Delbrück 1972 an Gunther Stent seine historische Einschätzung über die Entdeckung von Avery:[38] »In den späten vierziger Jahren haben wir (die Phagengruppe) nicht viel über DNS oder Averys Entdeckung gesprochen, denn das hätte doch nichts geholfen; aber nicht, weil wir es nicht glaubten.

Warum hätte es nicht geholfen? In der Anfangsphase dieser Zeit konnten wir nicht erkennen, wie DNS die Spezifität tragen könnte. Wenn man also Averys Ergebnis akzeptierte, konnte man es immer nur damit deuten, daß irgendwie Enzyme angeregt worden seien . . . und nicht durch einen Gentransfer. (. . .) Ich würde . . . sagen, daß Averys Entdeckung . . . logisch vorzeitig war, nicht psychologisch. Sie erschien ohne Kontext, der mußte erst nachgeliefert werden. Und das wurde er – sorgfältig und mühsam – von Chargaff und Hotchkiss. Ich glaube nicht, daß größere Intelligenz oder mehr Offenheit zu der Zeit etwas genutzt hätten, solange die Daten noch fehlten.«

So sollte es noch Jahre dauern, ehe die Mitarbeiter der Phagengruppe die überragende Rolle der DNS erkannten. Der Durchbruch in dieser Richtung war das Experiment von Hershey und seiner Mitarbeiterin Martha Chase aus dem Jahre 1952, das nun geschildert werden soll.

Der Wissenschaftler

Das allererste Phagentreffen fand im April 1943 in St. Louis statt, bei dem sich die drei Männer trafen, die 25 Jahre später gemeinsam den Nobelpreis erhalten sollten: Delbrück, Luria und Hershey. Mit dieser Zusammenkunft konstituierte sich die »Phagengruppe«, deren Arbeiten den Weg zur Molekularbiologie eröffneten. (Delbrück hat diesen Beginn mit den Worten beschrieben:[39] »Zwei feindliche Ausländer und ein Eigenbrötler, der nicht in die Gesellschaft paßte.«)

Gerade zwei Monate zuvor hatte Delbrück die mathematische Theorie für den Fluktuationstest entwickelt und Luria übersandt. Dieser Sendung beigefügt war eine erste knappe Charakteristik von Hershey:[40] »Trinkt Whisky und nicht Tee. Ist einfach und kommt zur Sache. Lebt gern drei Monate lang auf einem Segelboot, liebt Unabhängigkeit.« Seit Hershey 1939 die Arbeit von Delbrück und Ellis über das Wachstum der Phagen gelesen hatte, war er von den Phagen fasziniert. Einen Eindruck von seiner Persönlichkeitsstruktur bekommt man durch die Antwort, die A. Hershey einmal A. Garen – ebenfalls Mitglied der »Phagengruppe« – auf die Frage gegeben hat – nach seiner Auffassung vom Glückszustand in der Wissenschaft:[41] »Ein Experiment zu haben, das funktioniert, und es immer wieder zu tun.« Aufgrund dieser Antwort entstand in der Phagengruppe das geflügelte Wort vom »Hershey-Himmel« . . . Als wenig ergiebig – ganz im Gegensatz

Abb. 29 Alfred Hershey

zu Delbrück – erwiesen sich die biographischen Notizen, die er anläßlich seiner Nobelpreisverleihung einreichte und die sich auf wenige Zeilen beschränken: 1908 geboren, 1934 Promotion, seit dieser Zeit bis 1950 Mitarbeiter am »Department of Bacteriology« der Washingtoner Universität, danach Direktor der genetischen Abteilung im berühmten Cold-Spring-Harbor-Labor, verheiratet, ein Kind, Mitglied mehrerer wissenschaftlicher Gesellschaften – und damit ist es schon zu Ende mit Informationen über seinen Werdegang. Das einschneidende Ereignis in seinem wissenschaftlichen Leben ist ohne jeden Zweifel das Zusammentreffen mit Delbrück. Seit 1939 arbeitete er unter Anleitung des alten Professors Bronfenbrenner über die Hypothese seines Chefs, daß Phagen kleine Moleküle sind, vergleichbar den Proteinen, und daß die Vorstellung von großen Phagen Artefakte seien. Delbrück hatte Hershey Ende 1942 für einen Vortrag in seinen »wissenschaftlichen Klub« nach Tennessee eingeladen und ihn auf Hersheys Bitte über genauere Hinweise Anfang 1943 eine Postkarte geschickt mit der Information, man wisse nichts, verstünde aber alles. Und wörtlich:[42] »Der Vortragende sollte vollständige Ignoranz und unbeschränkte Intelligenz auf Seiten des Publikums voraussetzen.« Noch im selben Jahr entschied man sich für die intensive Zusammenarbeit, nachdem Delbrück Hershey überzeugt hatte, Bronfenbrenners Weg zu verlassen und dafür den von Delbrück bereits begonnenen Weg auszubauen. Nahezu 40 Jahre später, im Jahre 1981, drückte er bei der Einweihungsfeier für das Delbrück-Labor in Cold Spring Harbor seine Dankbarkeit dafür aus, daß er durch Delbrücks faszinierenden Einfluß bei der Entstehung der Molekularbiologie dabei sein konnte.

Das Experiment

Bereits 1949 war klar, daß die Phagen aus nur zwei Bestandteilen bestehen: einem langen DNS-Faden, der von einer kompliziert aufgebauten Proteinhülle umgeben ist, so daß der Phage, bedingt durch die beinartigen Fortsätze, wie eine Mondfähre aussieht.

So winzig die Phagen auch sind, mit Hilfe des Elektronenmikroskops, das kurz vor dem zweiten Weltkrieg in Deutschland entwickelt worden war und ab 1939 auch in den USA gebaut wurde, gelang Anderson bereits 1942 die Sichtbarmachung der Phagen. A. Hersheys ehemaliger Lehrer, der liebenswürdige und alte Professor J. J. Bronfenbrenner, der bereits viele Jahre über Phagen gearbeitet hatte, soll – als er zum ersten Mal die Bilder sah – die Hand an die Stirn geschlagen haben mit dem Ausruf:[43] »Mein Gott, sie haben Schwänze!« (Abb. 30). Inzwischen hatten Anderson und Herriott gezeigt, daß durch osmotischen Schock (plötzliche Verdünnung im destillierten Wasser) die DNS freigegeben wird und leere Phagenköpfe, ausschließlich aus Protein bestehend, übrigbleiben. Eine spätere, viel bestaunte Photographie zeigt die Phagenhülle inmitten eines wirren Knäuels von DNS-Fäden. (Tatsächlich ist es nur ein zusammenhängender Faden, 550mal länger als der Phagenkopf!) (Abb. 31). So schrieb im November 1951 Herriott an A. Hershey:[44] »Ich dachte – und Sie vielleicht auch –, daß das Virus wie eine Injektionsnadel voll transformierender Prinzipien funktioniert; daß das Virus als solches nie in die Zelle eindringt, sondern daß nur der Schwanz mit dem Wirt in Kontakt kommt, vielleicht auf enzymatische Weise ein kleines Loch in die Außenmembran schneidet, und daß dann die Nukleinsäure des Viruskopfes in die Wirtszelle einfließt.«

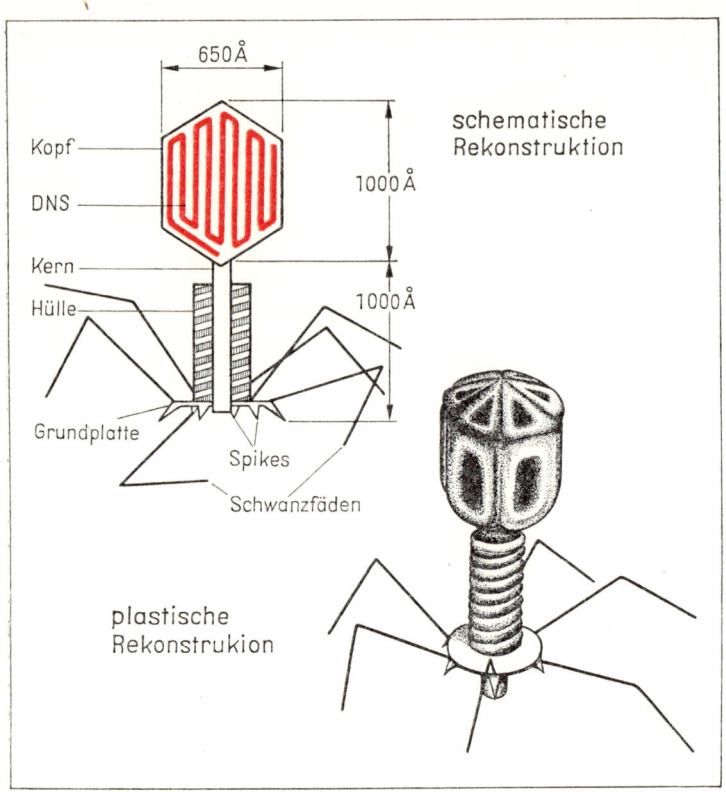

Abb. 30   Rekonstruktion der Struktur eines T2-Phagen

Sollte diese Vorstellung richtig sein, so wäre die DNS der Träger der genetischen Information. Dies widersprach aber der immer
noch vorherrschenden Ansicht – trotz der Arbeit von Avery –, daß
die Proteine in ihrer wesentlich größeren Vielfalt die Träger der
genetischen Information seien.

Anderson gelang es tatsächlich, Phagenhüllen mit leeren Köpfen
an der Bakterienoberfläche mit dem Elektronenmikroskop sichtbar zu machen. Im Jahre 1966 schrieb er darüber:[45] »Ich erinnere
mich an den Sommer 1950 oder 1951, wie ich mit Hershey und
vielleicht auch Herriott in Blackford Hall im Cold-Spring-Harbor-
Laboratorium über dem Diaprojektor hänge und die phantastisch
komische Möglichkeit diskutiere, daß nur die Virus-DNS ihren
Weg in die Wirtszelle findet und dort als ein transformierendes

Abb. 31 Das ausgebreitete Chromosom eines Phagen, der infolge eines osmotischen Schocks (Transfer der Phagen aus einer salzhaltigen Kulturlösung in Wasser) aufgeplatzt ist

Das lineare Phagenchromosom ist 550mal länger als der Phage.

Prinzip wirkt, indem sie die synthetischen Prozesse der Zelle verändert.«

So war die Zeit reif geworden für ein höchst einfaches Experiment von herausragender Bedeutung: Um eindeutig herauszufinden, was nun in die Zelle gelangt und was draußen bleibt, markierten Hershey und seine Mitarbeiterin Martha Chase die DNS und die Proteine radioaktiv. Die DNS enthält keinen Schwefel im Gegensatz zu den Proteinen. Umgekehrt enthalten die Phagenproteine keinen Phosphor im Gegensatz zur DNS! So züchteten sie die Phagen in einer Bakterienbrühe, in der der essentielle Phosphor nur in Form eines radioaktiven Isotops vorlag. Parallel markierten sie auf analoge Weise die Phagenproteine mit radioaktivem Schwefel. Diese Phagen wurden in separaten Experimenten verwendet, um frische Bakterien in nichtradioaktivem Medium zu infizieren. Wenige Minuten nach der Infektion versuchten sie die leeren Phagenhüllen, die nach wie vor an der Oberfläche der Bakterien hafteten, abzutrennen. Anfänglich erprobten sie recht erfolglos verschiedene mechanische Trennmethoden. Der technische Durchbruch gelang durch simples Improvisieren, indem sie das Rührwerk aus einem benachbarten Labor verwendeten. Durch die Scheerkräfte fielen die leeren Phagenhüllen ab, so daß sich nach anschließender Zentrifugation die infizierten Bakterien von den leeren Phagenhüllen aufgrund ihrer unterschiedlichen Dimensionen trennen ließen. Über sein bahnbrechendes Experiment schrieb Hershey 1966:[46] »Das Rührwerk-Experiment wurde in der Literatur mehrmals nicht korrekt beschrieben, und in der Hoffnung, seine entscheidende Einfachheit zu bewahren, will ich es hier noch einmal schildern. Eine gekühlte Suspension von eben mit T2-Phagen infizierten Bakterienzellen wurde einige Minuten in einem Rührwerk gerührt und danach kurz bei einer Geschwindigkeit zentrifugiert, die ausreicht, um die Bakterienzellen auf den Boden des Zentrifugenröhrchens zu schleudern. Man erhält so zwei Fraktionen: ein Sediment, das die infizierten Bakterien enthält, und einen flüssigen Überstand, der alle Partikel enthält, die kleiner als die Bakterien sind. Beide Fraktionen werden auf ihren Gehalt an radioaktivem Phosphor in der DNS und an radioaktivem Schwefel im Protein untersucht, mit denen die verwendeten Phagenpartikel (in getrennten Versuchen) markiert worden sind. Die Ergebnisse sind:

1. Die Hauptmenge der Phagen-DNS verbleibt in den Bakterienzellen.
2. Die Hauptmenge des Phagenproteins wird im Überstand gefunden.
3. Die meisten der ursprünglich infizierten Bakterien behalten die Fähigkeit, Phagen zu produzieren.
4. Wenn das mechanische Rühren unterlassen wird, sedimentieren sowohl Protein als auch DNS gemeinsam mit den Bakterien.
5. Das Phagenprotein, das von den Zellen durch das Rühren getrennt wird, besteht aus mehr oder weniger intakten, aber leeren

Phagenhüllen, die deshalb als passive Vehikel für den DNS-Transport von Zelle zu Zelle angesehen werden können und die, wenn sie diese Aufgabe erfüllt haben, für die Phagenvermehrung keine weitere Rolle spielen.«

Das methodische Problem bei diesem Versuch war das gleiche wie beim Avery-Experiment: Durch Kontrollen muß ausgeschlossen werden, daß Proteine noch die DNS beim Eindringen in die Zelle begleiten. Während Avery hierbei größte Sorgfalt walten ließ und über 10 Jahre intensive Arbeit in diese Probleme investierte, führten Hershey und Chase ihr Experiment in wenigen Tagen zum Erfolg. Die Fachleute sind sich aber einig, das Hershey-Chase-Experiment sei – biochemisch betrachtet – recht »schlampig«. Und dennoch bestätigte das Experiment eindrucksvoll, die DNS und nicht die Proteine sind Träger der genetischen Information. Das war der Durchbruch, nun endlich die Rolle, die die DNS spielte, zu begreifen!

Die Bedeutung

In seinem Buch »Der 8. Tag der Schöpfung« gibt Judson seine Diskussion mit J. Monod wieder über die Entstehung der Molekularbiologie. Ein Zitat aus dieser Darstellung veranschaulicht die Bedeutung des Hershey-Chase-Experimentes:[47] » ›Die Molekularbiologie ist das moderne chemische Nebenprodukt der Genetik, das ist keine Frage.‹ An erster Stelle jedoch stand die Arbeit, die zum Verständnis der DNA als der Erbsubstanz führte – ›der grundlegenden biologischen Konstante‹. Aus diesem Grunde waren Mendels Konzept des Gens als des unveränderlichen Trägers der Erbmerkmale und Averys chemische Identifikation des Gens, bestätigt von Hershey und Martha Chase, und die Aufklärung der strukturellen Grundlage der genetischen Konstanz von Generation zu Generation, gefunden von Watson und Crick, ohne Frage die wichtigsten Entdeckungen, die jemals in der Biologie gemacht wurden – ›ausgenommen die Theorie der Evolution durch natürliche Auslese, die aber selbst die erwähnten Entdeckungen als Stütze benötigt‹.«

Das wundervollste Experiment:
DNS-Verdopplung (1958)

Das wissenschaftliche Problem

Am 12. März 1953 schickte James Watson einen – inzwischen legendär gewordenen – Brief an Max Delbrück, in dem er die Struktur der DNS-Doppelhelix ausführlich beschrieb. Delbrücks Reaktion auf die darin dargestellte verblüffend einfache Lösung ist in seiner Biographie wie folgt beschrieben worden:[48] »Als Max die Doppelhelix sah, fühlte er sich wie jemand, der lange und intensiv verzweifelt mit einem Schachproblem gerungen hat, und dem man nun die blamabel einfache Lösung zeigt. (. . .) Genetik funktionierte von nun an wie ein (kompliziertes) Kinderspiel, das man schon fünfjährigen Kindern erklären und in Illustrierten beschreiben kann.«

In seinem Antwortbrief an Watson diskutierte Delbrück ausführlich die Bedeutung und die Probleme der vorgeschlagenen Struktur. Vor allem bewegte ihn die Frage, wie sich die DNS verdoppeln kann, denn die genetische Information muß ja von Zellteilung zu Zellteilung, von Generation zu Generation kopiert und weitergegeben werden. Er vermutete ganz richtig, hierzu müsse sich die Doppelhelix öffnen und entwinden, und er setzte fort:[49] »Mein Gefühl ist, falls Deine Struktur richtig ist und die sich ergebenden Vorschläge zur Replikation irgendeine Geltung haben, dann wird bald die Hölle los sein, und die theoretische Biologie wird in ihre tumultartigste Phase eintreten. Nur ein Teil davon wird mit analytischer und struktureller Chemie zu tun haben. Der wichtigere Teil davon wird aus Versuchen bestehen, mit frischem Mut an die vielen Probleme der Genetik und Zytologie heranzugehen, die in den letzten vierzig Jahren in einer Sackgasse gelandet sind.« Den noch zu entdeckenden Mechanis-

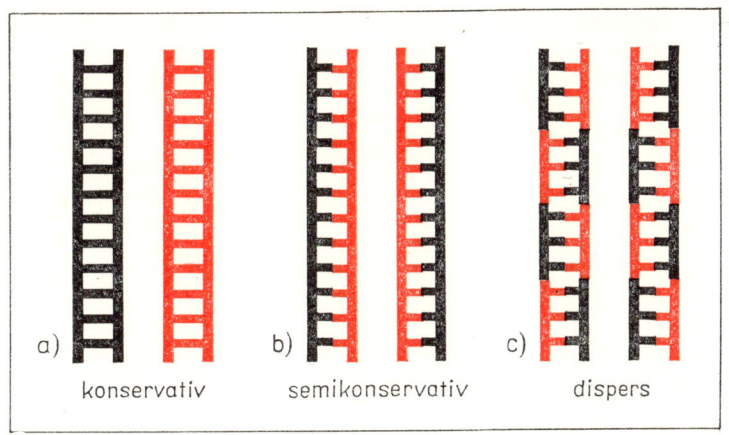

a) konservativ   b) semikonservativ   c) dispers

Abb. 32   Schematische Darstellung verschiedener Hypothesen über die Art der DNS-Verdopplung

mus der Replikation, d. h. der DNS-Verdopplung, empfand Delbrück als persönliche Herausforderung. So schrieb er zusammen mit Gunther Stent einen Übersichtsartikel und erläuterte die verschiedenen theoretischen Möglichkciten. Abb. 32 zeigt drei der damals stark diskutierten Hypothesen. Bleibt der ursprüngliche Doppelstrang erhalten und dient nur als Vorlage für die Synthese einer identischen Kopie, so sollte man diesen Mechanismus als konservative Replikation bezeichnen. Wird hingegen zu jedem einzelnen Strang ein Komplementärstrang hergestellt, so daß die beiden entstehenden DNS-Doppelhelices zur Hälfte nur neu und zur anderen Hälfte alt wären, so sollte der Replikationsmechanismus als semikonservativ bezeichnet werden. In einer dritten Variante wurde über die Möglichkeit nachgedacht, die Replikation passiere stückchenweise, so daß disperse Stränge entstehen (Abb. 32).

Stent und Delbrück gebührt zweifellos das Verdienst, als erste die Alternativen beschrieben zu haben. Der Nachweis, welche der Varianten nun tatsächlich die richtige ist, kam jedoch weder von Stent noch von Delbrück, sondern von zwei jungen amerikanischen Wissenschaftlern, M. Meselson und F. Stahl, die sich im Sommer 1954 zum ersten Mal getroffen hatten.

Der Wissenschaftler

Wissenschaftler sind in der Regel nicht nur motiviert durch ihr Privileg, der Natur kleinere oder viel seltener auch einmal ein größeres Geheimnis zu entreißen, sondern das Streben nach persönlichem Erfolg und internationaler Anerkennung spielt meist eine große Rolle. Ein viel diskutiertes Thema ist daher gerade unter jungen Wissenschaftlern, wie der rechte Weg zum Erfolg gefunden werden kann. Zweifellos sind Eigenschaften wie Intelligenz, Begeisterungsfähigkeit, Kreativität, Ausdauer und Freude am Spiel mit Ideen wichtige Grundvoraussetzungen, um ein guter Wissenschaftler zu werden. Aber dies alles reicht bei weitem nicht aus. Der Nobelpreisträger Sir Hans Adolf Krebs, britischer Biochemiker deutscher Herkunft, hat dieser Frage sogar einen eigenen Artikel gewidmet, den ich vor vielen Jahren per Zufall in die Hände bekam. Haften geblieben ist in mir die Erinnerung an seine Aussage, daß der entscheidende Schritt der ist, eine gute wissenschaftliche Schule zu durchlaufen, das heißt, mehrere Jahre unter direkter Anleitung eines bereits erfolgreichen Wissenschaftlers zu arbeiten. Er erinnert sich in diesem Artikel, wie ungemein wichtig für seine persönliche Laufbahn sein Aufenthalt bei dem legendären deutschen Biochemiker Otto Warburg war. Bei nahezu allen Wissenschaftlern, die hier bisher vorgestellt wurden, kann man den prägenden Einfluß markanter Forscherpersönlichkeiten auf den wissenschaftlichen Werdegang erkennen. So auch bei M. Meselson, der das Glück hatte, als Student unter Linus Pauling zu arbeiten, einem der wenigen Wissenschaftler, die den Nobelpreis zweimal bekamen. Pauling erhielt diese höchste wissenschaftliche Auszeichnung 1954 für seine Arbeiten über die Natur der chemischen Bindung und den Friedensnobelpreis 1962 für seine Bemühungen um die Verträge zur Einstellung der Kernwaffenversuche in der Atmosphäre.

Dieses zweifache Engagement in Wissenschaft und Politik zeichnet auch M. Meselson in ganz besonderer Weise aus. Bereits im Alter von 19 Jahren ging er aus den USA nach Paris mit der Absicht, zu studieren, wie man die Psychoanalyse Freudscher Prägung nutzen kann, um die Entstehung von Kriegen und anderen vermeidbaren menschlichen Katastrophen zu erklären. Ein Jahr später wechselte er zur Chemie, geleitet von der Erfahrung, daß es viel leichter ist, gesicherte Kenntnisse auf dem Gebiet der Chemie im Vergleich zur Psychiatrie zu erhalten. Doch zeit seines Lebens blieb er ein ungemein kritischer Beobachter der amerikanischen Politik. Er gehört zu den ersten amerikanischen Wissen-

Abb. 33   Matthew Meselson

schaftlern, die mit aller Kraft gegen den Vietnamkrieg kämpften.
Besonders aktiv ist er in den letzten Jahren, um einen Wettlauf
auf dem Gebiet der biologischen Kriegsführung zu verhindern.
Er traf Linus Pauling Anfang der 50er Jahre auf einer privaten
Party, da er mit Paulings Sohn befreundet war. Während eines
Gespräches lud Pauling Meselson ein, unter seiner Anleitung am
berühmten Caltech zu arbeiten. Bald bemerkte Pauling aber, daß
der junge Meselson wesentlich mehr Zeit für seine politischen
Aktivitäten (wie z. B. der Organisation von Konferenzen über
die Gefahren atomarer Strahlung) verwandte als für seine wissenschaftlichen Aufgaben. Er bestellte ihn zu sich, und Meselson
erinnerte sich später gern an die zwei Geschichten, die ihm Pauling erzählte:[50] »Linus schaute mich über seine Brillengläser hinweg an und sagte, er habe mir zwei Storys zu erzählen. Die erste
über Socrates. Er erzählte, daß Socrates einmal gefragt wurde,
›Was ist die rechte Aktivität für einen alten Mann?‹ und Socrates
antwortete ›Politik‹. Dann wurde er gefragt, ›Was ist die rechte
Aktivität für einen jungen Mann?‹ und Socrates soll geantwortet
haben ›Wissenschaft‹. Die zweite Geschichte war über den be-

rühmten Mathematiker C. F. Gauß. Pauling erzählte dem jungen Meselson, Gauß sei einmal gefragt worden, warum er so ausgesprochen gut in Mathematik sei. Und Gauß antwortete: ›Weil ich nie irgendetwas anderes gemacht habe als Mathematik‹.« Wie Meselson erzählte, endete diese kurze Unterredung auf folgende Weise. »Dann rückte Linus seine Brillengläser wieder zurück und sagte, ›Nun, Matt, es war nett mit Dir geredet zu haben‹.« Seit dieser Zeit arbeitete Meselson mit der erforderlichen Energie und Verbissenheit. Bis zum heutigen Tag produziert er erstklassige wissenschaftliche Arbeiten auf dem Gebiet der Bakteriengenetik. Dennoch, im Alter von 33 Jahren entschied er sich, seine Aktivitäten in der Politik wieder aufzunehmen. So initiierte er bereits in den Jahren der Präsidentschaft von L. B. Johnson eine Petition gegen die Entwicklung biologischer Waffen, die 5 000 Wissenschaftler unterzeichneten. Seit dieser Zeit gehört er in den USA zu den wichtigsten Gegnern der Entwicklung und Lagerung von biologischen Waffen.

Weitaus weniger als über die Persönlichkeit von M. Meselson konnte ich über seinen Mitautor F. Stahl in Erfahrung bringen, der seit nunmehr 30 Jahren zu den führenden Wissenschaftlern auf dem Gebiet der Bakteriengenetik gehört und heute besonders an den Mechanismen der genetischen Rekombination interessiert ist.

Das Experiment

Die biochemische Forschung ist in unserem Jahrhundert durch den Einsatz von Isotopen radikal verändert worden. Isotope sind Atome desselben Elements, die jedoch unterschiedliche Atomgewichte haben. Während die meisten Isotope künstlich durch Kernreaktionen erzeugt werden, existieren auch einige natürlich vorkommende. So gibt es zum Beispiel neben dem bei weitem häufigsten Wasserstoffisotop ^1H mit der Atommasse 1 auch das schwere Isotop ^2H (Deuterium) und das künstlich hergestellte, noch schwerere ^3H (Tritium). Chemisch sind sich die Isotope sehr ähnlich. Alle drei Wasserstoffisotope vereinigen sich mit Sauerstoff zu Wasser und mit Kohlenstoff zu Kohlenwasserstoffen. Mit Isotopen lassen sich Moleküle oder Molekülteile markieren, ohne daß sich die biologischen Eigenschaften wesentlich verändern. Viele Atome, wie z. B. auch das Tritium, sind radioaktiv, der Nachweis durch die Strahlenwirkung wird so besonders einfach. Darüber hinaus unterscheiden sich markierte und nichtmarkierte Moleküle durch ihre unterschiedliche Masse. Auf diesen Kenntnissen basiert die

Grundidee von Meselson und Stahl: Markierung der DNS-Moleküle mit schweren Isotopen, so daß markierte und nichtmarkierte DNS-Moleküle durch ihre unterschiedliche Masse unterscheidbar werden. Auf diese Weise sollte sich herausfinden lassen, ob die Replikation konservativ oder aber semikonservativ verläuft. Judson beschreibt sehr eindrucksvoll, wie Meselson beim Abendessen die entscheidende Idee kam:[51] »In der Zwischenzeit hatten sie eine neue Anwendungsweise der Ultrazentrifugation gefunden. Man nennt die Technik Dichtegradientenzentrifugation. Trotz des undurchsichtigen Namens ist das Prinzip kaum komplizierter als die Beobachtung, daß Schwimmer im Großen Salzsee oder im Toten Meer nicht untergehen. Tatsächlich ist ein Dichtegradient nur die Verfeinerung jener Einsicht, die Archimedes sein ›Heureka‹ ausrufen ließ. Archimedes machte seine Entdeckung in der Badewanne. Bei Meselson nahm sie beim Abendessen ihren Anfang. ›Im Gästezimmer unseres Hauses, damals, als wir am California Institute of Technology waren, hing an der Wand das Periodensystem der Elemente‹, sagte Meselson. Es war eine große Karte aus Wachstuch, eine wunderschöne Tafel. Und das erste Experiment führten wir beim Abendessen durch. Wir hatten Zucker auf dem Tisch – ich erinnere mich genau an den Abend, Frank und ich und ein paar Leute waren dabei –, und ich gab Zucker, viel Zucker, in ein Glas und füllte es mit Wasser. Dann schnitt ich ein Stück Fingernagel ab und warf es hinein, einfach nur um zu sehen, ob Materialien von der Dichte der DNS in einer solchen Lösung schwimmen würden. Ich meine, wir kannten die Dichte der DNS nicht genau – später allerdings schon –, doch ein Stück Fingernagel erschien uns eine vernünftige Analogie. Doch der Fingernagel sank selbst in der stärksten Zuckerlösung. Also benötigten wir etwas viel Dichteres. Wir gingen zur Tafel im Gästeraum und sagten: ›Nun, wir brauchen so etwas wie Tafelsalz, Natriumchlorid, aber sehr dicht, und so sahen wir nach, welche chemisch ähnlichen, aber schwereren Elemente unter dem Natrium stehen – Natrium, Kalium, Rubidium und dann das Caesium, das letzte in der Natur auftretende dieser Gruppe. Wir hätten andere Caesiumsalze verwenden können, das Bromid, das Jodid, doch wußten wir, daß das Chlorid chemisch am stabilsten und der DNS gegenüber wohl am wenigsten aggressiv war. Also wählten wir Caesiumchlorid.‹ Meselson nahm demnach eine wäßrige Salzlösung, ähnlich dem Wasser des Toten Meeres, nur daß das betreffende Salz viel schwerer war. Tatsächlich bildete das Caesiumchlorid eine Lösung, deren Dichte fein verändert und mit den Dichten jener Substanzen in Übereinstimmung gebracht werden konnte, die

Meselson und Stahl obenauf schwimmen, absinken oder in der Suspension lassen wollten. Im Laboratorium von Jerome Vinograd, einem Physikochemiker, stand ein neues Modell einer Ultrazentrifuge, bei der man, während sie sich drehte, von einem Proberöhrchen Fotos machen konnte. Mittels dieser Maschine fanden sie heraus, daß sich das Salz in der Lösung bei einer Geschwindigkeit von 45 000 Umdrehungen in der Minute innerhalb weniger Stunden auf dem Boden des Röhrchens konzentrierte, obwohl es sich in wäßriger Lösung befand. Hierin lag die entscheidende und unerwartete Verbesserung gegenüber Archimedes. Die Salzkonzentration bildete einen Gradienten, wobei die Dichte zum Röhrchenboden hin zunahm. Als sich auch DNS in der Lösung befand, wirkten in der Zentrifuge extrem große Kräfte, das Hunderttausendfache der Erdanziehung, auf jedes einzelne Molekül. Diejenigen Moleküle, die sich im unteren Teil des Salzgradienten befanden, wo die Dichte bald größer als die eigene Dichte wurde, stiegen nach oben, während die DNS-Moleküle nahe der Oberfläche absanken, bis sie alle jene schmale Region des Gradienten erreichten, wo ihre Dichte der der Salzlösung genau entsprach. Wenn man das Röhrchen mit ultraviolettem Licht fotografierte, zeigte sich ein dunkles Band quer über dem leichten Grau der Lösung, je ein Band für jeden DNS-Typ unterschiedlicher Dichte.«

Zur Markierung der DNS verwendeten Meselson und Stahl das natürliche, schwere Isotop ^{15}N anstelle des normalen Stickstoffs mit der Atommasse 14 (^{14}N). Sie ließen hierzu *E.-coli*-Bakterien in einer Nährlösung wachsen, die als Stickstoffquelle ein Ammoniumsalz mit ^{15}N Stickstoff enthielt. Nach einigen Generationen war die gesamte DNS mit ^{15}N markiert, so daß die DNS-Moleküle schwerer als die normale ^{14}N-DNS wurden und so im Zentrifugenröhrchen tiefer lagen (Abb. 34). Nachdem man die DNS völlig mit ^{15}N markiert hatte, begann das eigentliche Schlüsselexperiment. Die Bakterien wurden abzentrifugiert und in eine frische Nährlösung gebracht, die nur noch normalen, also leichten Stickstoff enthielt. Bei dem nun folgenden Wachstum wurde in die neu synthetisierte DNS demzufolge nur noch leichter Stickstoff eingebaut. Analysiert man jetzt zu verschiedenen Zeiten Proben und untersucht sie auf das Gewicht der DNS-Moleküle, so läßt sich herausfinden, wie sich die DNS verdoppelt. Nach der ersten Teilung der Bakterien, die unter optimalen Bedingungen bereits nach 20 Minuten erfolgt, lag die gewonnene DNS weder an der ^{15}N noch an der ^{14}N Stelle, sondern genau in der Mitte! Diese DNS-Moleküle waren also weder schwer (^{15}N) noch leicht (^{14}N), sondern halbschwer, was eindeutig für die Hypothese der semikonser-

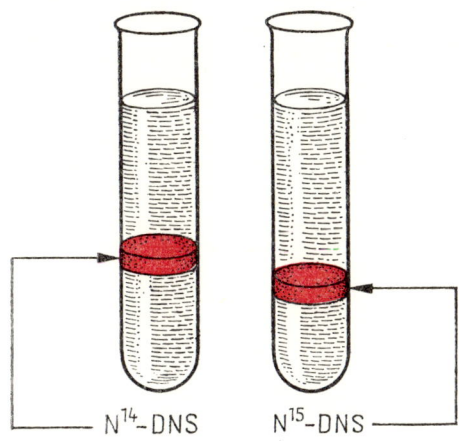

Abb. 34 Leichte N^{14}- und schwere N^{15}-DNS liegen im Zentrifugenröhrchen verschieden tief.

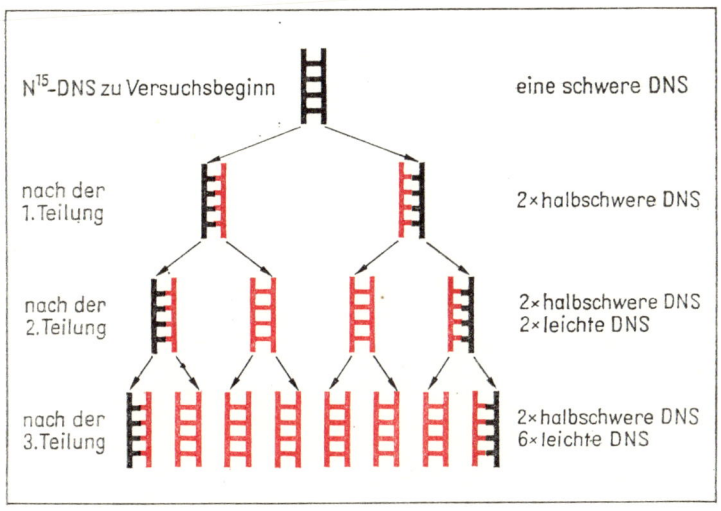

N^{15}-DNS zu Versuchsbeginn — eine schwere DNS

nach der 1.Teilung — 2×halbschwere DNS

nach der 2.Teilung — 2×halbschwere DNS 2×leichte DNS

nach der 3.Teilung — 2×halbschwere DNS 6×leichte DNS

Abb. 35 Nachweis des semikonservativen Mechanismus der DNS-Verdopplung

vativen Replikation spricht. Würde die DNS konservativ verdoppelt, so sollte man nach einer Generation, d. h. nach etwa 20 Minuten, zwei DNS-Banden finden! Nach der doppelten Zeit, also nach etwa 40 Minuten, ließ sich keine einheitliche DNS mehr nachweisen, sondern es traten zwei Fraktionen auf: zwei leichte DNS-Moleküle und zwei halbschwere DNS-Moleküle (Abb. 35). Nach drei Generationen ließen sich nach wie vor halbschwere, aber inzwischen auch die dreifache Menge an leichter DNS nachweisen. Die Ergebnisse sind nur auf den ersten Blick verwirrend: Die Abb. 35 zeigt sehr anschaulich, daß sich diese Resultate nur mit der Hypothese der semikonservativen Replikation in Übereinstimmung bringen lassen.

Die Bedeutung

Zwei Entdeckungen markieren die Aufklärungsgeschichte der prinzipiellen Struktur und Funktion der DNS: Averys Nachweis, die DNS sei der Träger der genetischen Information, und 14 Jahre später das von Watson als »klassisch« bezeichnete Experiment von Meselson und Stahl, in dem der semikonservative Charakter der DNS-Verdopplung nachgewiesen wurde.

Der frühere Direktor des Cold-Spring-Harbor-Labors, John Cairns, hat in einem Gespräch mit H. Judson über die Geschichte der Molekularbiologie diesen eindeutigen Beweis von Meselson und Stahl als das »wundervollste biologische Experiment« bezeichnet.

Das zweite Geheimnis des Lebens: Regulation der Gene (1959)

Das wissenschaftliche Problem

Vor der Entwicklung der Bakteriengenetik und den damit verbundenen neuen Erkenntnissen war die Ansicht weit verbreitet, Bakterien seien nichts anderes als ein »Sack voller Enzyme«. Seit Anfang der 40er Jahre weiß man um die Beziehung: ein Gen – ein Enzym. Eine *E.-coli*-Zelle besitzt schätzungsweise 3 000 unterschiedliche Gene. Somit könnten die 3 000 Gene 3 000 unterschiedliche Enzyme bzw. Strukturproteine produzieren und fertig ist die Zelle. Natürlich ist diese Vorstellung weit entfernt von der Realität! Bestimmt man z. B. die Menge einzelner Schlüsselenzyme in der Bakterienzelle, so werden unter bestimmten Umweltbedingungen Werte von 5–8 $\%$ gemessen, d. h., von der Gesamtproteinmenge werden manchmal bis zu 8 $\%$ für ein einziges Enzym beansprucht. Danach könnten solche Zellen aus nur 12 unterschiedlichen Proteinen bestehen. Das widerspricht aber der Tatsache, daß die *E.-coli*-Zelle mehr als tausend unterschiedliche Proteine enthält! Die Erklärung erscheint recht einfach: Die einzelnen Proteine werden in ganz unterschiedlichen Mengen benötigt, so daß in einer *E.-coli*-Zelle z. B. von einem Strukturprotein, das beim Aufbau der Membran beteiligt ist, bis zu 700 000 Moleküle pro Zelle existieren, während zur gleichen Zeit ein anderes Protein, das an der Regulation des Stoffwechsels beteiligt ist, in nur 10 Kopien vorhanden ist. Doch darf man sich diese extremen Unterschiede in den Mengen nicht zahlenmäßig statisch und fixiert vorstellen, sondern die Bakterien haben im Verlauf der Evolution die Fähigkeit entwickelt, von jedem Gen genau soviel Protein zu synthetisieren, wie momentan gerade erforderlich ist. Bei den Bakterien hängt dieses Phänomen eng zusammen mit den enorm hohen

Vermehrungsraten, wodurch ein beträchtlicher Konkurrenzdruck besteht. Jede Bakterienzelle, die einen neuen Sparmechanismus entwickelt oder einen alten verbessert und so ökonomischer mit dem Reservoir an Nahrung und Energie umgeht, wird einen Selektionsvorteil haben. Das wirksamste Sparprinzip hierbei ist es, immer nur die Enzyme aufzubauen, die gerade gebraucht werden. Da die Umweltbedingungen oft fluktuieren, haben die Zellen darüber hinaus die Fähigkeit entwickelt, genau der momentanen Situation entsprechend, die optimalen quantitativen Mengen zu produzieren. Die ersten Erkenntnisse über die Art und Weise, wie die Expression der Gene reguliert wird, stammen von genetischen und biochemischen Versuchen an *E.-coli*-Zellen.

Die Wissenschaftler

Obwohl moderne Wissenschaft stets Teamwork ist, ereignet es sich, daß eine außergewöhnliche Resonanz zwischen zwei Wissenschaftlern dazu führt, die Intuition und Kreativität nicht nur zu verdoppeln, sondern zu verzehnfachen. Für wenige Jahre gab es diese Art der Zusammenarbeit zwischen Luria und Delbrück, kurzzeitig auch zwischen Watson und Crick. In völlig einzigartiger Form existierte solch eine ungewöhnliche Wechselwirkung zwischen Francis Jacob und Jacques Monod über viele Jahre hinweg und führte zu einer nicht abreißenden Kette großartiger Erkenntnisse und Entdeckungen über die Regulation der Genexpressivität. Jacob urteilte später über die Zeit der gemeinsamen Entdeckungen:[52] »Jene vier oder fünf Jahre täglicher Diskussion und Auseinandersetzung gehörten wirklich zu den interessantesten meines Lebens, und ich möchte sagen, zu den glücklichsten.« Während Monod eine ungewöhnliche Schärfe und Logik im Denken besaß, war Jacob nach Aussage von Monod der Mann mit der größeren Intuition. Judson schrieb hierüber:[53] »In ihrer Arbeit waren sie gleichgewichtig. Wenn Jacob in der Tat der begabtere Experimentator war, heißt das durchaus nicht, daß Monod immer der subtilere und originellere Theoretiker war.«

Jacob und Monod trafen im Jahre 1949 im Pariser Institut Pasteur aufeinander. Dieses Institut ist seit Jahrzehnten ein Treffpunkt für die wissenschaftliche Elite und spielte bei der Herausbildung der Molekularbiologie eine überragende Rolle. Es war 1888 von Louis Pasteur zu einem Zeitpunkt gegründet worden, als die erste erfolgreiche Anwendung eines Impfstoffes gegen Tollwut bei einem Jungen eine wahre Begeisterungswelle auslöste.

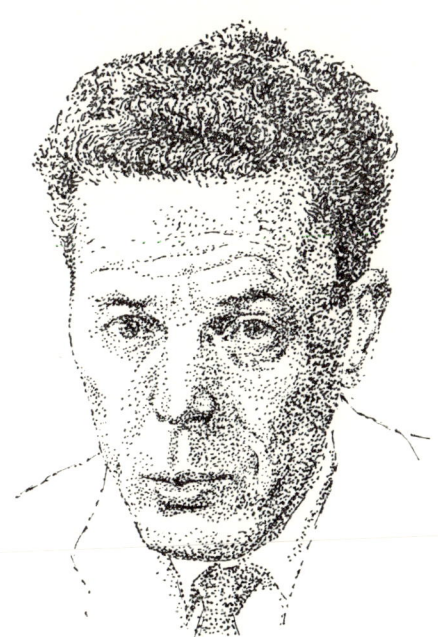

Abb. 36   Jacques Monod

Im Jahre 1938 wurde im Institut Pasteur eine Arbeitsgruppe für Mikrobenphysiologie gegründet unter Leitung von André Lwoff. Von Lwoff stammt auch die Aussage, die Kunst der Forschung beginne damit, sich einen guten Boß zu besorgen. Sowohl Monod (seit 1944) als auch Jacob (seit 1949) gingen durch seine wissenschaftliche Schule. Im Jahre 1965 erhielten diese drei Männer gemeinsam den Nobelpreis für ihre Erkenntnisse über die Regulation der Genexpression.

Monod und Crick werden häufig als die alles überragenden Theoretiker bei der Entwicklung der Molekularbiologie bezeichnet. Von Monod wird berichtet, daß er aus tiefer Überzeugung alle Glaubensbekenntnisse, die den Geist versklaven, verachtete. Als Wissenschaftler zeichnete er sich aber durch ein ausgesprochen elitäres Bewußtsein aus und konnte durch die Brillanz in der Diskussion und seinen überragenden Intellekt schwächere Kollegen in wissenschaftlichen Debatten nahezu vernichten. Judson, der Monod sehr gut kannte und lange und intensiv mit ihm über die Entwicklung der Molekularbiologie diskutierte, schrieb über ihn:[54] »Monod

127

Abb. 37 François Jacob

war die Summe außergewöhnlicher Gegensätze, das zum Prinzip
erhobene Paradoxon. Sein Stil war durch und durch französisch
wie der von Linus Pauling amerikanisch war. Er war in vielem
ein Außenseiter. Die Monods zählten zu den bekannten Familien
in der Klasse der höheren Berufsstände Frankreichs . . . Sein
Vater war Maler, die Mutter, Amerikanerin, Monod war ein Pro-
dukt des französischen akademischen Systems; er war damit schon
unzufrieden, als er 1928 als Student an die Sorbonne kam, und er
blieb es bis zu den Pariser Unruhen und zur Quasi-Revolution im
Mai 1968, als er öffentlich auf die andere Seite der Barrikaden
ging, um sich auf die Seite der Studenten zu stellen.« Bedingt
durch sein Studium der Biologie an der Sorbonne, kam er 1929,
im Alter von 19 Jahren, zum erstenmal an die meeresbiologische
Station Roscoff in der Bretagne, wo er bei diesen und den folgenden Aufenthalten mit vier Wissenschaftlern in engeren Kontakt
kam, die ihn stark beeinflußten. Der Zoologe Teissier begeisterte
ihn für die quantitative Beschreibung biologischer Phänomene. Der
Biochemiker Rapkin pflanzte ihm den Glauben ein, biologische

Phänomene bedürften einer chemisch-molekularen Beschreibung. Auch seinen späteren Vorgesetzten und Mitstreiter A. Lwoff traf er dort zum erstenmal. Die wichtigste Begegnung war aber die mit B. Ephrussi, der ihn davon überzeugte, der Schlüssel zu allem sei die Genetik. Ephrussi nahm Monod bereits 1936 mit an das California Institute of Technology, um mit ihm in der schon damals legendären Gruppe um Morgan zu arbeiten. Wie eigenwillig Monod bereits als Student war, zeigt sich an dem Unmut Ephrussis über die Tatsache, nie das zu tun, was Ephrussi von ihm erwartete, und darüber hinaus immense Zeit zu investieren im Aufbau und in der Leitung einer Bach-Society, in der er Konzerte dirigierte. Immerhin war er so erfolgreich, daß ihm nach Abschluß des einjährigen Forschungsaufenthaltes die Stelle als Dirigent einer Choralgruppe angeboten wurde. Im Rückblick war für Monod das Wichtigste, was er in der Morgangruppe gelernt hatte, der amerikanische Stil einer intensiven und völlig offenen Diskussion, gepaart mit unkomplizierten Umgangsformen zwischen Kollegen ganz verschiedenen Alters und Ranges. Nach der Rückkehr nach Frankreich eskalierten die Meinungsunterschiede zwischen Ephrussi und Monod:[55] »Wir konnten einfach nicht zusammenarbeiten. Er ist extrem autoritär und hält auf strenge Disziplin, und als Student, wenn auch nicht als Professor, war ich genau das Gegenteil. Außerdem lag mir sehr viel an Musik. Dirigieren und so, und ich wollte arbeiten, wenn mir danach war, aber nicht, wenn er mich dazu drängte. Deshalb mußten wir uns trennen.« So ging er zu Teissier an der Sorbonne und begann über das Wachstum der Bakterien zu arbeiten. Er untersuchte, in welcher Weise E.-coli-Bakterien verschiedenen Zucker abbauen. Dabei entdeckte er das in Abb. 38 dargestellte Phänomen der Diauxie, d. h. des »doppelten Wachstums«. Gab man den Bakterien zwei Zucker, wie z. B. Glucose und Lactose, so wuchsen die Bakterien kontinuierlich, bis die Glucose alle war, dann trat eine Pause ein, und plötzlich begannen sie wieder kontinuierlich weiterzuwachsen, indem sie den zweiten Zucker abbauten. Lwoff erklärte Monod, dieses Phänomen sei bereits 1900 bei Hefen gefunden worden und man stelle sich diese Anpassung so vor, daß die Bakterien ein neues Enzym synthetisieren. Monod promovierte 1940 über dieses Phänomen. Der Leiter des Zoologischen Instituts, in dem Monod damals arbeitete, soll nach der Doktorverteidigung zu Lwoff gesagt haben, Monods derzeitige Arbeiten seien nicht von geringstem Interesse für die Sorbonne. Doch mit eiserner Konsequenz hat Monod den Anpassungsmechanismus analysiert und ist zusammen mit Jacob zur molekularen Beschreibung dieser Phänomene vor-

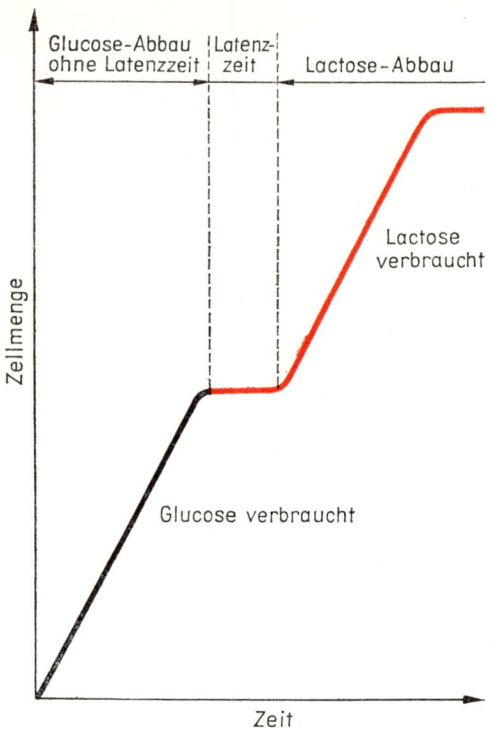

Abb. 38 Das Phänomen der »Diauxie«
Bei gleichzeitiger Anwesenheit von Glucose und Lactose setzt das Wachstum ohne Latenzzeit ein, weil die Enzyme für den Glucose-Abbau permanent vorhanden sind. Ist die Glucose verbraucht, so kommt es zu einer Latenzzeit, weil erst die erforderlichen Enzyme für den Lactose-Abbau synthetisiert werden müssen.

gedrungen. In der Zeit, als die Faschisten Paris besetzt hielten, wurde Monod zu einem der wichtigsten Mitstreiter des bewaffneten Widerstandes in Frankreich. Im Winter 1944, als Monod noch im Hauptquartier des französischen Widerstandes engagiert war, fand er in einer mobilen amerikanischen Armeebibliothek das Heft der Zeitschrift »Genetics« mit der Arbeit von Luria und Delbrück, mit der die Bakteriengenetik ihren Anfang nahm. Kurz darauf las er auch Averys epochale Arbeit, so war er über die neuesten Entwicklungen informiert. Es ist also nicht verwunderlich, daß er bereits 1946 mit Lwoff in die USA flog, um am Cold

Spring Harbor Symposium über Vererbung und Variation teilzunehmen.

Später schrieb Monod über dieses wichtige Symposium, dies sei der Augenblick gewesen, in dem die neue Disziplin Molekularbiologie Körper und Seele erhielt. Auf dieser Tagung löste der Vortrag von Lederberg über die Sexualität der Bakterien die größte Aufregung aus. Bereits wenige Jahre später nutzten Jacob und Monod dieses Phänomen der bakteriellen Sexualität für die Analyse der Regulation der Genexpression.

Jacob stieß 1949 zur Gruppe um Lwoff und Monod. Er war damals bereits 29 Jahre alt und hatte nach kriegsbedingter Unterbrechung erfolgreich ein Medizinstudium abgeschlossen. Nach der Lektüre von Schrödingers Buch »Was ist Leben?« war in ihm der Wunsch erwacht, über Vererbung zu arbeiten. Sein Einstieg war schwierig. Zuerst schickte ihn der schon zehn Jahre ältere Monod mit der Bemerkung zu Lwoff, er habe keinen Platz im Labor. Das gleiche erzählte ihm Lwoff immer und immer wieder. Erst durch seine Hartnäckigkeit ließ sich Lwoff im siebenten oder gar erst im achten Anlauf umstimmen. Nun war das Triumvirat zusammen, das 16 Jahre später den Nobelpreis erhalten sollte.

Der 1920 in Nancy geborene Francis Jacob war das einzige Kind einer französischen, jüdischen Familie. In seiner Schulzeit scheint noch wenig an Begabungen sichtbar geworden zu sein, wie aus seiner Autobiographie zu entnehmen ist. Sein Großvater war ein vorzüglicher Mathematiker. Wohl durch diese Tradition entschied die Familie, er solle Mathematik studieren. Doch das Fach langweilte ihn an der Universität, und so entschloß er sich, Medizin zu belegen, um später als Chirurg zu arbeiten. Das Jahr 1940 brachte ihm eine zweifache Tragödie: Seine Mutter, der er sehr verbunden war, starb an Krebs, und die Nazis besetzten Paris. Tiefe Depressionen und Reflexionen über Selbstmord waren die Folge. Doch dann entschloß er sich, nach London zu fliehen, um in die freie Französische Armee de Gaulles einzutreten und sich am Widerstandskampf zu beteiligen. Er wirkte zuerst als Arzt in Afrika und später als Soldat in der Normandie, wo er beinahe getötet worden wäre: Die Ärzte entfernten aus einer Verwundung zwanzig Splitter, doch weitere achtzig verblieben in seinem Körper. Zwar beendete er nach dem Krieg sein Medizinstudium, doch die schweren Verletzungen ließen eine Tätigkeit als Chirurg nicht zu. So arbeitete er erst eine Weile als Journalist, dann in der pharmazeutischen Industrie, bis er auf Schrödingers Buch »Was ist Leben?« stieß und sich entschloß, einen Weg zu finden, um über Vererbung zu arbeiten.

Die wissenschaftliche Zusammenarbeit zwischen Jacob und Monod begann im Jahre 1958 mit dem PaJaMo-Experiment und führte zu nahezu dreißig wichtigen Veröffentlichungen. Der Zenit war zweifellos im Jahre 1965 erreicht, als sie für ihre Entdeckungen den Nobelpreis bekamen. Monod stand bereits vor dieser Ehrung im Zentrum des öffentlichen Interesses, da er häufig seine Meinung zu aktuellen wissenschaftlichen und politischen Problemen äußerte. Judson schreibt über ihn:[56] »Monod verfügt über Willenskraft, sicheres Auftreten, ideologischen Schliff, Lust am Polemisieren, er war eitel und brauchte wie ein Schauspieler die Aufmerksam des Publikums.« Gerade diese war ihm sicher, als sein heißumstrittenes Buch »Zufall und Notwendigkeit – Philosophische Fragen der modernen Biologie« 1970 erschien. In diesem Buch betrachtete Monod den Menschen nur als unvorhersehbare Gewinn-Nummer einer »gigantischen Lotterie« der Natur. »Für Monod gibt es weder einen Schöpfergott, der Anfang und Ende der Welt setzt, noch eine sich dialektisch vom Atom zum Menschen fortspinnende Weltmutter Materie . . .« Schlagartig wurde das Buch zu einem Weltbestseller und provozierte viele Auseinandersetzungen mit Vertretern der unterschiedlichsten philosophischen Richtungen. So verdammte der marxistische Philosoph Louis Althusser, Mitglied der KPF, Monod als »Idealisten«. Andererseits empörte sich der katholische Schriftsteller und Nobelpreisträger François Mauriac: »Was dieser Professor sagt, ist noch viel unglaublicher als das, was wir anderen armen Christen glauben.«

Auch Jacob trat als Autor mit interessanten Büchern an die Öffentlichkeit. Sie waren weniger spektakulär, doch voller Substanz und Tiefe. »Die Logik des Lebendigen – Von der Urzeugung zum genetischen Code« und »Das Spiel der Möglichkeiten – Von der offenen Geschichte des Lebens« sind seine beiden vielbeachteten Bücher.

Das Experiment

Zwar hatten sich Monod und Jacob bereits 1949 getroffen und arbeiteten seitdem Flur an Flur, doch war der 1958 durchgeführte Versuch, der den lustigen Namen PaJaMo-Experiment erhielt, der eigentliche Anfang der ungemein intensiven Zusammenarbeit, die Monod später wie folgt charakterisiert:[57] »Es war eine außergewöhnlich enge Verbindung, ich glaube, wir sprachen von 1958 bis 1964 täglich mindestens zwei Stunden, zwei oder drei Stunden.« Unterschiede im Charakter, im Temperament, im experimentellen

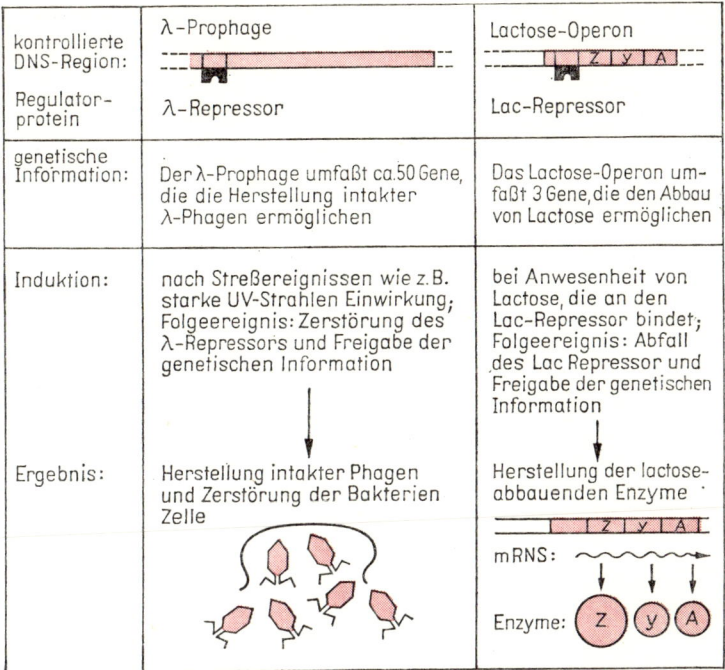

kontrollierte DNS-Region:	λ-Prophage	Lactose-Operon
Regulator-protein	λ-Repressor	Lac-Repressor
genetische Information:	Der λ-Prophage umfaßt ca.50 Gene, die die Herstellung intakter λ-Phagen ermöglichen	Das Lactose-Operon um-faßt 3 Gene,die den Abbau von Lactose ermöglichen
Induktion:	nach Streßereignissen wie z.B. starke UV-Strahlen Einwirkung; Folgeereignis: Zerstörung des λ-Repressors und Freigabe der genetischen Information	bei Anwesenheit von Lactose, die an den Lac-Repressor bindet; Folgeereignis: Abfall des Lac Repressor und Freigabe der genetischen Information
Ergebnis:	Herstellung intakter Phagen und Zerstörung der Bakterien Zelle	Herstellung der lactose-abbauenden Enzyme

Abb. 39 **Die unerwartete Ähnlichkeit der Induktion des Prophagen und des Lactose-Operons durch Freigabe der genetischen Information nach Entfernung eines Repressors**

Geschick und in der Denkweise führten zur interessanten Rollenverteilung. Zweifellos war Jacob der elegantere Experimentator und führte auch den größten Teil der genetischen Experimente durch. Monods Stärke war die exakte Biochemie. Er erkannte an, daß Jacob der intuitivere war, doch wußte er, er sei der schärfere Logiker und sagte darüber:[58] »Es geschah sehr häufig, daß François mit irgendeiner nicht sehr gut durchdachten Idee ankam und wir dann zwei Stunden in meinem Büro über den Inhalt dieser Idee und wie man sie in Experimente, Beweise und so weiter übersetzen könnte, diskutierten.« Der Grund dafür, daß ihre wirkliche Zusammenarbeit erst fast 10 Jahre nach ihrem Aufeinandertreffen begann, lag an der Tatsache: Lwoff und Jacob arbeiteten über die Induktion von Prophagen, während Monod über die Induktion von Enzymen forschte. Beide Labore lagen im Dachgeschoß des Instituts Pasteur und waren nur durch einen Gang getrennt. Obwohl beide Gruppen »induzierten«, dachten sie über Jahre, diese Phänomene hätten außer dem Namen nichts miteinander gemein. Später sollte sich herausstellen, daß die molekularen Mechanismen der Induktion nach demselben Prinzip funktionieren (Abb. 39). Nach Lederbergs Entdeckung der bakteriellen Sexualität hatten Jacob und Wollman im Institut Pasteur intensiv über den Mechanismus der Genübertragung gearbeitet. Man wußte in den fünfziger Jahren bereits, es gibt männliche und weibliche Bakterien, und nur die männlichen sind in der Lage, einen Sexualpilus auszubilden und so in Kontakt mit der weiblichen Zelle zu kommen, um dann neu synthetisierte Kopien des genetischen Materials durch diese sexuelle Verbindung in die weibliche Zelle zu schleusen. Sie nutzten dieses Phänomen, um auf diese Weise den Prophagen aus einer männlichen in eine weibliche Zelle zu transferieren. Heute weiß man, dieser damals untersuchte Prophage mit dem Namen Lambda besteht aus etwa 50 000 Basenpaaren, der sich in ein Bakterienchromosom einbauen kann und sich so als »heimlicher Parasit« durch die Bakterienzelle von Generation zu Generation verdoppelt. Die genetische Information des Prophagen ist potentiell tödlich für die Bakterienzelle, doch verhindert ein Repressorprotein die Expression dieser tödlichen Information. (Letzteres wußte man allerdings 1958 noch nicht!) Nur im Notfall, wenn zum Beispiel die Bakterienzelle stark mit UV-Strahlen geschädigt wird, kommt es zur Induktion des Prophagen, d. h., jetzt wird die tödliche Information realisiert, und auf einmal produziert diese Bakterienzelle Phagen, die zum Zelltod führen. Bakterien mit solch einem Prophagen werden als lysogen bezeichnet. Transferiert man in einer Kreuzung solch einen Prophagen aus einer männlichen in eine weibliche Zelle, so kommt es sofort zur Induktion, d. h. zur Phagenproduktion, sobald der Prophage in der weiblichen Zelle angelangt ist. Dieses Phänomen hatten Jacob und Wollman entdeckt, und in ganz ähnlicher Weise wollten Monod und Jacob Kreuzungen vornehmen, um die Gene zu transferieren, die den Abbau von Lactose kontrollieren. Zwei Gene müssen nun vorgestellt werden, um das PaJaMo-Experiment verstehen zu können. Das Gen lacZ codiert das Enzym β-Galactosidase, das die Fähigkeit hat, den Lactosezucker zu spalten. Z^+ bedeutet, daß eine Bakterienzelle solch ein intaktes Gen hat, während Z^--Bakterien keine β-Galactosidase bilden können, bedingt durch eine nachteilige Mutation im Z-Gen. Lactose wirkt somit als Induktor der Enzymsynthese, ohne solch einen Induktor produzieren Z^+-Zellen keine β-Galactosidase! Darüber hinaus gab

Kreuzungspartner: Gene:	"Männchen"(Hfr) lacI$^+$ lacZ$^+$	"Weibchen"(F$^-$) ·lacI$^-$ lacZ$^-$
bei Abwesenheit von Lactose	kein Lactose-Abbau (Repression)	kein Lactose-Abbau (weil lacZ-Gen defekt ist)
bei Anwesenheit von Lactose	Abbau von Lactose (Induktion)	kein Lactose-Abbau (weil lacZ-Gen defekt ist)
Kreuzung: (bei Abwesenheit von Lactose)	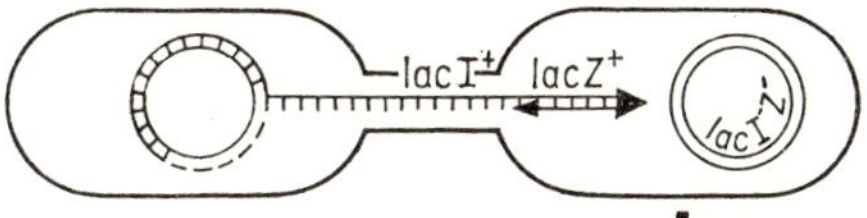 lacI$^+$ lacZ$^+$ /lacI/ → Synthese von lactose-abbauenden Enzymen (weil lacI-Repressor im "Weibchen" nicht da ist)	

Abb. 40   Schematische Darstellung des PaJaMo-Experiments aus dem Jahre 1958
Mit Hilfe eines Hfr-Stammes wurden die intakten Gene lacZ$^+$ und lacI$^+$ in ein F$^-$-Bakterium transferiert mit Defekten in den entsprechenden Genen.

es damals bereits I$^+$- und I$^-$-Mutanten, obwohl man nicht wußte, was dieses lacI-Gen für ein Genprodukt codiert. I$^+$-Bakterien waren induzierbar, d. h., wenn keine Lactose im Nährmedium ist, so lassen sich in der Bakterienzelle so gut wie keine β-Galactosidase-Proteine nachweisen. Wird aber Lactose angeboten, so erzeugt die Bakterienzelle in wenigen Minuten bis zu 10 000 Kopien der β-Galactosidase. I$^+$-Bakterien sind also fähig zu dieser Induktion, während I$^-$-Bakterien nicht induzierbar sind, sondern statt dessen immer β-Galactosidase produzieren, egal ob sie gebraucht wird oder nicht. In I$^-$-Mutanten ist somit der Sparmechanismus zerstört. Doch wie er funktioniert, davon hatte man 1958 noch keine richtige Vorstellung. Im Herbst stieß Arthur Pardee vom Virus Laboratory der University of California zu Monod und Jacob, und diese drei planten das nach ihnen benannte PaJaMo-Experiment.

Nun sollte der Leser aufmerksam die beiden Kreuzungspartner betrachten (Abb. 40). Die Männchen waren I$^+$ und Z$^+$ und die Weibchen I$^-$ und Z$^-$. Solange man den Männchen keine Lactose ins Nährmedium gab, solange produzierten sie auch keine β-Ga-

lactosidase. Bei den Weibchen funktionierte zwar der Induktions-
mechanismus nicht mehr, so daß eigentlich β-Galactosidase kon-
stitutiv, d. h. immer produziert werden müßte, ganz gleich, ob
nun Lactose als Induktor da ist oder nicht. Aber das Z-Gen war
ja in diesen Weibchen durch eine nachteilige Mutation funktions-
unfähig. Nun die spannende Frage: Was passiert, wenn die männlichen Bakterien die intakten Gene Z^+ und I^+ in die Weibchen
transferieren? Hier die Antwort in Judsons Worten:[59] »Was geschah, war überhaupt nicht vorauszusehen. Pardee züchtete die
beiden Stämme in hoher Konzentration in einem Medium, das
keinen Induktor enthielt. Dann vermischte er, immer noch ohne
Induktor, eine Probe jedes Stammes in einem Gefäß mit frischem
Medium, weniger Männchen als Weibchen, so daß buchstäblich
jedes Männchen einen Partner fand, keiner der Eltern konnte die
β-Galactosidase synthetisieren, da den Männchen der Induktor
und den Weibchen das Gen Z^+ fehlte. ›Wir wußten genau, nach
welcher Zeit bei diesen Kreuzungen das Gen in das Weibchen
eindrang‹, sagte Jacob, ›und wir achteten genau darauf, wie lange
es gehen würde, bis das Enzym nach dem Eindringen des Gens
hergestellt wurde: Nach drei Minuten erhält man die konstante
lineare Synthese.‹ Dann kam die Überraschung. ›Es stellte sich
heraus, daß erst dreißig Minuten lang‹ – er wußte nicht mehr die
genaue Zeit – ›ohne Induktor Enzym hergestellt wird, daß dann
ein Stillstand eintritt und daß anschließend ein Induktor nötig
wird.‹ «

Damals war die Interpretation dieses überraschenden Ergeb-
nisses sehr schwierig, und nur Schritt um Schritt wurden die richtigen Schlußfolgerungen gezogen. Mit dem heutigen Kenntnisstand
ist die Erklärung sehr einfach. Die Abb. 41 zeigt vereinfacht die
Organisation der Gene, die den Abbau von Lactose kontrollieren.
Für den Abbau der Lactose sind das lacZ- und das lacY-Gen
essentiell. Das lacZ-Gen codiert die β-Galactosidase, die Lactose
spaltet. Doch damit der Zucker von außen erst einmal in das Zell-
innere gelangt, ist das lacY-Genprodukt erforderlich, das als Per-
mease wirkt und durch die Membran hindurch den Zucker transportiert. Das lacA-Gen codiert ein Enzym, auf das hier nicht
näher eingegangen werden soll, weil es für den Lactoseabbau nicht
essentiell ist. Diesen drei geclusterten Genen ist eine Kontroll-
region vorgelagert, die aus einem Promotor und einem Operator
besteht. An die Promotorsequenz bindet die RNS-Polymerase, um
von dort eine RNS-Kopie der drei Gene zu synthetisieren. Die
Regulation der Genexpression erfolgt durch den Lac-Repressor,
der durch das eng benachbarte lacI-Gen codiert wird. Dieser

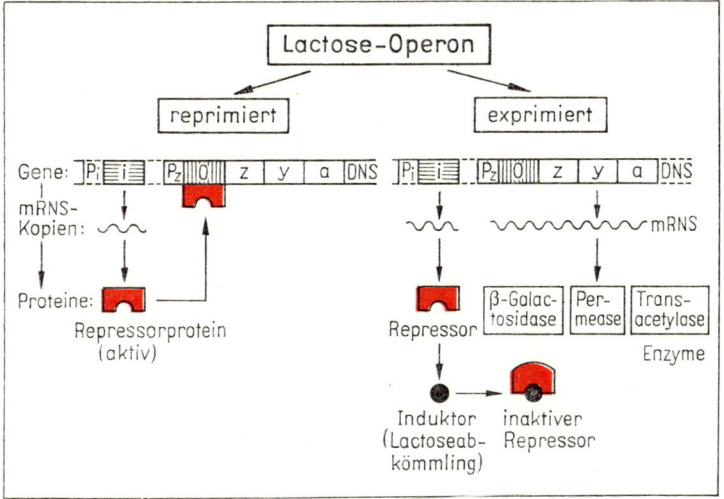

Abb. 41   Schematische Darstellung der Induktion des Lactose-Operons

Repressor bindet an die Operatorsequenz, die zwischen Promotor und den Strukturgenen liegt, so daß ein sterisches Hindernis für die RNS-Polymerase resultiert. Solange keine Lactose im Nährmedium ist, blockiert der Repressor die Expression der Strukturgene. Sobald aber einige Moleküle Lactose in die Zelle gelangen, binden sie an den Repressor und lösen so eine sterische Veränderung aus, so daß der Repressor vom Operator abfällt und den Weg freimacht für die Synthese der RNS-Kopie. Ausgehend von dieser RNS-Kopie, werden dann an den Ribosomen die Proteine synthetisiert. Aber all diese Fakten, die in der Abb. 41 dargestellt sind, kannte man 1958 noch nicht. Unter Einbeziehung dieser Erkenntnisse wird die Erklärung des PaJaMo-Experimentes leichter und verständlich. Sobald das intakte lacZ$^+$-Gen aus dem Männchen in das Weibchen gelangt, wird eine RNS-Kopie gemacht und β-Galactosidase synthetisiert. Bedingt durch die lacI$^-$-Mutation im Weibchen ist ja kein Repressor da, der diese Synthese blockieren könnte. Die Synthese an β-Galactosidase ist sehr effektiv, so daß sich bald Tausende von β-Galactosidase-Molekülen in der Zelle befinden. Doch kurz nach dem lacZ$^+$-Gen ist ja auch ein intaktes lacI$^+$-Gen in das Weibchen gelangt. Die Synthese des Lac-Repressors ist recht langsam, doch nach ungefähr 30 Minuten sind pro Zelle etwa 10 Moleküle des Repressors da, und die blokkieren jetzt die weitere Expression des lacZ+-Gens. Man muß daher erst wieder Lactose in das Medium geben, damit der Repressor durch Bindung der Lactose so verändert wird, daß er vom Operator abfällt. Dies ist in kurzer und knapper Form die Repressortheorie, die Jacob und Monod schrittweise auf der Grundlage des PaJaMo-Experimentes entwickelten. Entscheidend war die Erkenntnis, daß das lacI+-Gen über das lacI−-Gen in seiner Wirkung dominierte und daß das intakte lacI-Genprodukt offensichtlich eine diffusible Substanz ist. Auch das Operonkonzept, das besagt, verschiedene Gene, wie z. B. das lacZ- und das lacY-Gen, werden gemeinsam reguliert, wurde von Jacob und Monod auf der Grundlage dieses und weiterer Experimente entwickelt. Man bezeichnet die Region, die die geclusterten Gene mit den davorliegenden Regulatorsequenzen (Promotor, Operator) umfaßt, als Operon. Inzwischen hat man erkannt, auch häufig nicht zusammenliegende Gene werden gemeinsam reguliert, so daß zusätzlich der Begriff Regulon eingeführt wurde.

Die Bedeutung

Das PaJaMo-Experiment ist zweifellos ein Markstein in der Geschichte der Molekularbiologie, weil es den Weg für zwei Erkenntnisse von fundamentaler Bedeutung eröffnete:

1. Als Schalter für das Ab- und Anschalten der Gene fungieren Regulatorproteine, die gleichzeitig mehrere geclusterte Gene kontrollieren! Diese Gruppen von Genen erhielten den Namen Operon. Somit sind das Operonkonzept und die Theorie vom Repressor die unmittelbare Folge des berühmten PaJaMo-Experimentes.

2. Die Interpretation der Ergebnisse führte zur Hypothese des Messengers, d. h., die genetische Information eines Gens wird umgeschrieben in eine RNS-Kopie und diese RNS wird an den Ribosomen umgeschrieben in Proteine!

Wie hoch die Bedeutung des PaJaMo-Experimentes ist, wird in der Einschätzung von Judson deutlich, die 20 Jahre später geschrieben wurde:[60] »Es wäre richtig, aber unangemessen zu sagen, man könne es nicht weit hinter Oswald Averys Beweis einordnen, daß das transformierende Prinzip DNS sein müsse, und vor Alfred Hersheys und Martha Chases Demonstration, daß die DNS und nicht das Protein das genetische Material der Bakteriophagen sei, und ungefähr auf die gleiche Stufe mit Paul Zamecniks Nachweis, das Ribosom sei der Ort der Proteinsynthese. Als Beweis, als

Modell, als Theorie hatte es seine größte Bedeutung für Untersuchungen auf benachbarten Gebieten. In dieser Hinsicht war das PaJaMo-Experiment unerwartet aufschlußreich. Es erzwang die Lösung zweier Probleme. Auf dem angestammten Arbeitsgebiet kehrte es die Logik der Regulation der Enzymsynthese um, die von Monod untersucht wurde, und ·führte zu einer allgemeinen Theorie des Repressors und von den Gruppen, die zusammen kontrolliert werden und die den Namen ›Operon‹ erhielten. Auf anderem Gebiet öffnete das PaJaMo-Experiment, einmal anerkannt, die Sackgasse in Cricks und Brenners Verständnis, wie sich die Information in der Basensequenz der DNS in der Aminosäuresequenz im Protein ausdrückte, und führte somit zur Theorie des Messengers und zur Lösung des Codierungsproblems.«

Epilog

»Früher dachte ich einmal, daß sich der Fortschritt in der Wissenschaft geordnet und logisch vollzieht. Über die Jahre lernte ich allerdings, daß er in einem beträchtlichen Maße von Modetrends diktiert wird. Die Ereignisse des letzten Jahrzehnts zeigen dies sehr deutlich. Auf unserem Wissenschaftsgebiet driftete die Begeisterungswelle der Molekularbiologie der 50er Jahre, die damals weitgehend auf mikrobiellen Systemen fußte, bereits in den 60er Jahren hin zu den komplexeren eukaryotischen Systemen. In den 70er Jahren wandelte sich dieser Trend um in eine panische Flucht, weg von den Mikroben hin zu den Mäusen, Fliegen, Würmern und Schleimpilzen. Heutzutage drücken alle zukünftigen Studenten, die wir befragen, den Wunsch aus, später über eukaryotische Genexpression zu arbeiten, und sie betonen dies nachdrücklich.

Natürlich begeistert auch mich das Ungewöhnliche und Aufregende bei den eukaryotischen Systemen. In der Tat, einige meiner besten Freunde sind Eukaryoten! Was mich betroffen macht ist allerdings die Hysterie und die Preisgabe erfolgversprechender Gebiete der Mikrobiologie, auf welchen die Gänse nach wie vor goldene Eier legen würden, wenn man sie nur richtig fütterte. Ein Anliegen meiner Einführung heute morgen ist daher der Aufruf, die Grundlagenforschung auf dem Gebiet der Mikrobiologie zu unterstützen.«[61]

Diese bedenkenswerten Worte richtete Arthur Kornberg an die Teilnehmer einer Konferenz über »Molekulare Klonierung und Genexpression in Bacilli«, die 1982 veranstaltet wurde. Kornberg hatte 1959 den Nobelpreis erhalten für seine bahnbrechenden Erkenntnisse über die Enzymatik der DNS-Replikation.

Bereits Mitte der 60er Jahre änderte sich der Charakter der

bakteriengenetischen Forschungen ganz entscheidend im Vergleich zu den in diesem Buch geschilderten Schlüsselexperimenten. (Heutzutage können die meisten der geschilderten Experimente im Rahmen der genetischen Ausbildung in wenigen Tagen reproduziert werden.) Nachdem die grundlegenden Mechanismen der Verdopplung, Codierung und Expression genetischer Information zumindest vom Prinzip her durch Forschungen an Escherichia coli verstanden wurden, eröffneten auf dieser Basis neuartige biochemische und genetische Verfahren den Weg zur detaillierten molekularen Analyse. Durch die unvorhersehbaren Möglichkeiten der Gentechnologie wurde in den 70er Jahren der Weg hin zur Sequenzanalyse der Gene und deren gezielten genetischen Manipulation geebnet.

Das atemberaubende Tempo, mit dem sich heutzutage die Molekularbiologie entwickelt, und die lawinenartig ansteigende Zahl spektakulärer Erkenntnisse wären allerdings undenkbar ohne die Grundlagenforschung an *Escherichia coli,* und den *E.-coli*-Phagen in den 50er und 60er Jahren. Inzwischen hat aber das Interesse an Bakterien und damit auch wieder an Escherichia coli weltweit zugenommen. Dafür gibt es zwei einleuchtende Erklärungen: Bakterien eignen sich aufgrund ihrer enormen Wachstumsgeschwindigkeit und Produktivität als biochemische Fabriken, in die die Gentechnologen fremde Gene einsetzen, um medizinisch oder technologisch wichtige Substanzen mit hoher Effizienz produzieren zu lassen. Heutzutage, wo durch den Einzug der Gentechnologie nahezu alle Gebiete biologischer Grundlagenforschung revolutioniert worden sind und sich in der Biotechnologie zuvor kaum denkbare Entwicklungen von größter ökonomischer Tragweite vollziehen, sollte man sich daran erinnern, daß die entscheidenden Grundlagen der Gentechnologie weder geplant noch vorprogrammiert waren. Allein die Begeisterung einiger weniger Wissenschaftler für die bakteriellen Verteidigungssysteme gegenüber Bakteriophagen hat zur Entdeckung der Restriktionsenzyme geführt. Diese Enzyme dienen heute als molekulare Skalpelle und sind für die Isolierung und den gezielten Umbau von Genen unentbehrlich geworden. Ohne den Freiraum, sich ungestört und unbelastet mit Phantasie, Kreativität und Besessenheit der Erforschung interessanter Phänomene zu widmen, wäre die Entdeckung der Restriktionsenzyme kaum vorstellbar.

Der zweite Grund für das wieder zunehmende Interesse an Bakterien resultiert aus der Erkenntnis, daß selbst die grundlegenden biologischen Mechanismen noch längst nicht vollständig verstanden sind. Ein Beispiel hierfür ist die DNS-Replikation.

Bereits 1958 hatten Meselson und Stahl den semikonservativen Charakter der DNS-Verdopplung nachgewiesen. Trotz intensiver Forschungen in den folgenden zwei Jahrzehnten gelang es nur zum Teil, die ungemein komplizierten enzymatischen Vorgänge bei der DNS-Verdopplung aufzuklären. So zeigte sich, daß die DNS-Polymerase nur eines von mehr als dreißig unterschiedlichen Proteinen ist, die direkt an der enzymatischen Verdopplung beteiligt sind. Daß selbst die versiertesten Molekularbiologen die tatsächliche Komplexität unterschätzen können, wird an einer Prognose sichtbar, die Arthur Kornberg – nach wie vor der unbestrittene »Papst« der Replikationsforschung – im Jahre 1978 über die absehbare Entwicklung auf diesem Gebiet gab. Er vermutete, daß nur noch wenige Jahre intensiver Forschungen notwendig sind, um zumindest bei *Escherichia coli* und den *E.-coli*-Phagen die biochemischen Vorgänge bei der Verdopplung der DNS bis ins Detail zu verstehen. Zehn Jahre später mußte er einräumen, daß selbst er die Komplexität unterschätzt hatte: Auch nach mehr als 30 Jahren weltweiter Forschung bleibt noch viel zu tun, um wenigstens bei *E. coli* diesen komplizierten enzymatischen Mechanismus aufzuklären.

Im Jahre 1987 – also gut 100 Jahre nach der Entdeckung von *E. coli* – erschien ein monumentales zweibändiges Werk über die Molekularbiologie von *Escherichia coli*. Auf insgesamt 1 654 Seiten wird der Versuch unternommen, in Form von 104 Übersichtsartikeln den beeindruckenden Kenntnisstand zu schildern und gleichzeitig aufzuzeigen, wieviel noch unverstanden ist.

Von den schätzungsweise 3 000 *E.-coli*-Genen sind erst gut 1 000 durch Mutationen identifiziert und charakterisiert worden. Doch zeichnet sich bereits ab, daß man in wenigen Jahren über die vollständige Sequenz des 3 Millionen Basenpaare umfassenden Genoms verfügen wird. Im Zuge dieser Sequenzaufklärungen von bakteriellen, viralen und eukaryotischen Genomen vollzieht sich bereits eine einschneidende strategische Wende in der genetischen Forschung. Während man früher erst eine Mutante isolieren und charakterisieren mußte, um ein neues Gen zu identifizieren und zu charakterisieren, kann heute bereits der umgekehrte Weg beschritten werden. Ist die Gensequenz bereits bekannt, so kann der Gentechnologe mit Hilfe einer ortsspezifischen Mutagenese jede beliebige DNS-Base austauschen und so unbegrenzt neue Mutanten produzieren. Dadurch sind auch bei *Escherichia coli* viele neue Erkenntnisse zu erwarten, und man darf sicher sein, daß *E. coli* auch in den kommenden Jahrzehnten für den Genetiker ein interessantes Objekt bleiben wird.

Literatur

Entwicklung der Phagen- und Bakteriengenetik

Allen, G.: Life Science in the Twentieth Century. Cambridge University Press, Cambridge (1978)

Braun, W.: Bacterial Genetics. W. B. Saunders Company, Philadelphia & London (1966)

Cairns, J., G. S. Stent und J. D. Watson: Phagen und die Entwicklung der Molekularbiologie. Akademie Verlag, Berlin (1972)

Carlson, E. A. (Hrsg.): Gentheorie. Reihe Grundlagen der modernen Genetik, Bd. 7, G. Fischer Verlag, Stuttgart (1971)

Delbrück, M.: Ein Physiker betrachtet erneut die Biologie – zwanzig Jahre später. Wiss. und Fortschr. 20, 172–174 (1970)

Fischer, E. P.: Das Atom der Biologen – Max Delbrück und der Ursprung der Molekulargenetik. R. Piper GmbH & Co. KG, München (1988)

Geissler, E. (Hrsg.): Desoxyribonucleinsäure – Schlüssel des Lebens. Akademie Verlag, Berlin (1972)

Geissler, E. (Hrsg.): Molekulargenetik – Beiträge zu ihrer Entwicklung. Ostwalds Klassiker der exakten Wissenschaften. Akademische Verlagsgesellschaft Geest & Portig K.-G., Leipzig (1975)

Geissler, U., K. Lüdtke, V. Lüdtke und J. Tripoczky: Die Herausbildung der Phagengenetik – Thesen zur Entwicklung eines wissenschaftlichen Spezialgebietes. Rostocker Wissenschaftshistorische Manuskripte, 10, 16–27 (1984)

Hayes, W.: The Genetics of Bacteria and their Viruses. J. Wiley and Sons, Inc., New York (1964)

Judson, H.: Der 8. Tag der Schöpfung – Sternstunden der neuen Biologie. Meyster Verlag GmbH, Wien. München (1980)

Kendrew, J. C.: How molecular biology started. Scientific American 216, 141–147 (1967)

Olby, R.: The path to the double helix. The Macmillan Press LTD, London and Basingstoke (1974)

Portugal, F. H. and J. S. Cohen: A Century of DNA. The MIT Press, Cambridge (1977)

Stent, G.: The rise and fall of molecular genetics. In: The Coming of the Golden Age – A View of the End of Progress. The Natural History Press, Garden City, New York (1969)

Tripoczky, J.: Wandel im Erklärungsmuster. Spektrum der Wissenschaften 19, 10–13 (1988)

Watson, J. D.: Die Doppel-Helix. Rowohlt Verlag, Reinbeck (1969)

Das Bakterium Escherichia coli

Arber, W.: Das Bakterium E. coli unter der Lupe der Molekulargenetiker. in: Mannheimer Forum 81/82, 9–82, Boehringer Mannheim GmbH, Mannheim (1982)

Bachmann, B.: Linkage Map of Escherichia coli K12. Edition 7, Microbiol. Rev. 47, 180–198 (1983)

Escherich, T.: Die Darmbacterien des Neugeborenen und Säuglings. Fortschritte Med. 3, 515–522, 547–554 (1885)

Escherich, T.: Die Darmbacterien des Säuglings und ihre Beziehung zur Physiologie der Verdauung. F. Enke Verlag, Stuttgart (1886)

Glass, R. E.: Gene Function – E. coli and its heritable elements. Croom Helm Ltd., London (1982)

Meyer, J. und W. Arber: 100 Jahre Escherichia coli – Bescheidene Anfänge – unerwartete Folgen. Naturw. Rundsch. 39, 467–473 (1986)

Neidhardt, F. C. (ed.): Escherichia coli and Salmonella typhimurium – Cellular and Molecular Biology. Vol. 1 and 2, American Society for Microbiology, Washington (1987)

Orskov, F.: Escherichia coli. in: The Prokaryotes (M. P. Starr et al. eds.), 1128–1134, Springer Verlag, Berlin–Heidelberg–New York (1981)

Zappert, H.: Hofrat Prof. Theodor Escherich. Wiener Med. Wschr. 61, 498–500 (1911)

Lehrbücher

Bresch, C. und R. Hausmann: Klassische und molekulare Genetik. 3. Aufl., Springer Verlag, Berlin–Heidelberg–New York (1972)

Bielka, H. (Hrsg.): Molekulare Biologie der Zelle. 2. Aufl., G. Fischer Verlag, Jena (1973)

Günther, E.: Lehrbuch der Genetik. 4. Aufl., G. Fischer Verlag, Jena (1983)

Hagemann, R.: Allgemeine Genetik. 2. Aufl., G. Fischer Verlag, Jena (1986)

Kaudewitz, C. P.: Molekular- und Mikrobengenetik, Springer Verlag, Berlin–Heidelberg–New York (1973)

Knippers, R.: Molekulare Genetik. 3. Aufl., G. Thieme Verlag, Stuttgart und New York (1982)

Parthier, B. und R. Wollgiehn: Von der Zelle zum Molekül. Akademische Verlagsgesellschaft Geest & Portig K.-G., Leipzig (1971)

Stahl, F. W.: Mechanismen der Vererbung. G. Fischer Verlag, Stuttgart (1969)

Stent, G. S. and R. Calendar: Molecular Genetics, An Introductory Narrative, 2 Ed. W. H. Freeman and Comp., San Francisco (1978)

Weide, H. und H. Aurich: Allgemeine Mikrobiologie. G. Fischer Verlag, Jena (1979)

Der große Wurf:
Beginn der modernen Phagenforschung (1939)

Anderson, T. F.: Elektronenmikroskopie von Phagen. in: J. Cairns et al. 72–87 (1972)

Delbrück, M.: Adsorption of bacteriophages under various physiological conditions of the host. J. Gen. Physiol. 23, 631–642 (1940)

Delbrück, M.: The growth of bacteriophage and lysis of the host. J. Gen. Physiol. 23, 643–660 (1940)

Delbrück, M.: Über Bakteriophagen. Naturw. 34, 301–306 (1947)

Delbrück, M.: Nobel Laureate Interview. Chemist Analyst 68, 1–3 (1981)

Ellis, E. L.: Bakteriophagen: Einstufenvermehrung. in: J. Cairns et al., 61–71 (1972)

Ellis, E. L. und M. Delbrück: The growth of bacteriophage. J. Gen. Physiol. 22, 365–384 (1939)

Fischer, E. P.: Das Atom der Biologen – Max Delbrück und der Ursprung der Molekulargenetik. R. Piper GmbH & Co KG, München (1988)

Les Prix Nobel En 1969, Imprimerie Royale, P. A. Norstedt & Söner, Stockholm (1970)

Winkler, U.: Max Delbrück 1906 bis 1981. Naturw. Rundsch. 34, 255–256 (1981)

Geburt der Bakteriengenetik:
Der Fluktuationstest (1943)

Delbrück, M:. Experiments with Bacterial Viruses (Bacteriophages). Harvey Lectures 41, 161–187 (1945)

Delbrück, M.: Spontaneous Mutations of Bacteria. Ann. Mo. Bot. Gard. 32, 223–233 (1945)

Luria, S. E.: Mutations of bacterial viruses affecting their host range. Genetics 30, 84–99 (1945)

Luria, S. E.: Mutationen von Bakterien und Bakteriophagen. in: J. Cairns et al., 172–177 (1972)

Luria, S. E.: A Slot Machine, A Broken Test Tube. Harper and Row, New York (1984)

Luria, S. E. and M. Delbrück: Mutations of bacteria from virus sensitivity to virus resistance. Genetics 28, 491–511 (1943)

Shapiro, A.: The kinetics of growth and mutation in bacteria. Cold Spring Harbor Symp. Quant. Biol. 11, 228–235 (1946)

Steinberg, C. and F. Stahl: The clone-size distribution of mutants arising from a steady state pool of vegetative phage. J. Theoret. Biol. 1, 488–497 (1961)

Eine Sensation:
Die Entdeckung der bakteriellen Sexualität (1946)

Beadle, G. W.: Biochemische Genetik: Einige Erinnerungen. in: J. Cairns et al., 34–43 (1972)

Caspersson, T.: The nobel prize for physiology or medicine 1958. in: Les Prix Nobel En 1958. Imprimerie Royale P. A. Norstedt & Söner, 32–35 (1959)

Dubos, R.: The Bacterial Cell. Havard Univ. Press, Cambridge (1945)

Hayes, W.: Sexuelle Differenzierung bei Bakterien. in: J. Cairns et al., 198–211 (1972)

Jacob, F.: Genetik der Bakterienzelle. Angew. Chem. 78, 704–713 (1966)

Jacob, F. und E. L. Wollman: Sexuality and the Genetics of Bacteria. Academic Press, New York & London (1961)

Lederberg, J. and E. L. Tatum: Gene recombination in E. coli. Nature 158, 558 (1946)

Lederberg, J. and E. L. Tatum: Novel genotypes in mixed cultures of biochemical mutants of bacteria. Cold Spring Harbor Symp. Quant. Biol. 11, 113–114 (1946)

Lederberg, J.: Edward Lawrie Tatum (1909–1975). Ann. Rev. Genet. 13, 1–5 (1979)

Lederberg, J.: Forty years of genetic recombination in bacteria. A fortieth anniversary reminiscense. Nature 324, 627–628 (1986)

Lederberg, J.: Gene recombination and linked segregations in Escherichia coli. Genetics 117, 1–4 (1987)

Lederberg, J.: Genetic recombination in bacteria: a discovery account. Ann. Rev. Genet. 21, 23–46 (1987)

Luria, S. E.: Recent advances in bacterial genetics. Bact. Rev. 11, 1–11 (1947)

Wollman, E.: Bakterienkonjugation. in: J. Cairns et al., 212–220 (1972)

Zuckerman, H. and J. Lederberg: Postmature scientific discovery? Nature 324, 629–631 (1986)

Auferweckung der Toten:
Die Entdeckung der DNS-Reparatur (1949)

Dulbecco, R.: Reactivation of ultraviolet-inactivated bacteriophage by visible light. Nature 163, 949–950 (1949)

Harm, W.: Biological effects of ultraviolet radiation. CDa Cambridge Univ. Press, Cambridge (1980)

Kelner, A.: Effects of visible light on the recovery of streptomyces griseus conidia from ultraviolet injury. Proc. Natl. Acad. Sci. USA 35, 73–79 (1949)

Kelner, A.: Photoreactivation of ultraviolet irradiated E. coli with special reference to the dose reduction principle and ultraviolet-induced mutations. J. Bacteriol. 58, 511–522 (1949)

Luria, S. E. and M. Delbrück: Interference between bacterial viruses. II. Interference between inactivated bacterial viruses of the same strain and of different strain. Arch. Biochem. 1, 207–218 (1942)

Piechocki, R.: Die Zähmung des Zufalls. Stabilität und Variabilität des Erbguts. Urania-Verlag, Leipzig–Jena–Berlin (1987)
Soifer, W. N.: Molekulare Mechanismen der Mutagenese und Reparatur. Akademie-Verlag, Berlin (1976)
Watson, J. D.: Jugendjahre in der Phagengruppe. in: J. Cairns et al., 231–237 (1972)

Der Stoff, aus dem die Gene sind:
DNS und nicht die Proteine! (1952)

Anderson, T. F.: Elektronenmikroskopie von Phagen. in: J. Cairns et al., 72–78 (1972)
Avery, O. T., C. M. MacLeod and McCarty: Studies on the chemical nature of the substance inducing transformation of pneumococcal types. Induction of transformation by a desoxyribonucleic acid fraction isolated from pneumococcus Type III. J. Exptl. Med. 79, 137–158 (1944)
Griffith, F.: The Significance of Pneumococcal Types. J. Hygiene 27, 113–159 (1928)
Herriott, R. M.: Nucleic-acid-free T2 virus »ghosts« with specific biological action. J. Bacteriol. 61, 252–254 (1951)
Hershey, A. D.: Genes and Hereditary Characteristics. Nature 226, 697–700 (1970)
Hershey, A. D.: Die Injektion von Phagen-DNS. in: J. Cairns et al., 108–114 (1972)
Hershey, A. D. and M. Chase: Independent functions of viral protein and nucleic acid in growth of bacteriophage. J. Gen. Physiol. 36, 39–56 (1952)
Hotchkiss, R. D.: Gen, transformierendes Prinzip und DNS. in: J. Cairns et al., 178–197 (1972)
Hotchkiss, R. D.: Oswald T. Avery. Genetics 51, 1–10 (1965)

Das wundervollste Experiment:
DNS-Verdopplung (1958)

Cairns, J.: A proof that the replication of DNA involves separation of the strands. Nature 194, 1274 (1962)
Delbrück, M. and G. S. Stent: On the mechanisms of DNA replication. in: The Chemical Basis of Heredity, ed. by W. D. McElroy and B. Glas, 699–763, John Hopkins Press, Baltimore (1957)

Meselson, M. and F. W. Stahl: The replication of DNA in Escherichia coli. Proc. Natl. Acad. Sci. 44, 671–682 (1958)

Meselson, M. und F. W. Stahl: Nachweis des semikonservativen Charakters der DNA Verdopplung. in: J. Cairns et al., 238–241 (1972)

Schuster, H.: Replikation der DNS in vivo – Fakten und Probleme. in: E. Geissler, 46–52 (1972)

Venner, H.: Struktur und Replikation der DNS. in: E. Geissler, 34–45 (1972)

Das zweite Geheimnis des Lebens:
Regulation der Gene (1959)

Beckwith, J. and D. Zipser (eds.): The Lactose Operon. Cold Spring Harbor Lab., New York (1970)

Jacob, F.: Genetik der Bakterienzelle. Angew. Chemie 78, 704 bis 713 (1966)

Jacob, F.: Die Logik des Lebendigen – Von der Urzeugung zum genetischen Code. S. Fischer Verlag GmbH, Frankfurt am Main (1972)

Jacob, F.: Das Spiel der Möglichkeiten – Von der offenen Geschichte des Lebens. R. Piper & Co. Verlag, München und Zürich (1983)

Jacob, F. und J. Monod: Struktur- und Regulatorgene für die Biosynthese von Proteinen. in: E. A. Carlson, 87–89 (1971)

Jacob, F. and E. L. Wollman: Sexuality and the Genetics of Bacteria. Academic Press, New York (1961)

Lwoff, A. and A. Ullmann (eds.): Origins of Molecular Biology. – A tribute to Jacques Monod. Academic Press, New York (1979)

Monod, F.: Von der enzymischen Adaptation zur allosterischen Umlagerung. Angew. Chemie 78, 695–703 (1966)

Monod, J.: Zufall und Notwendigkeit – Philosophische Fragen der modernen Biologie. R. Piper & Co. Verlag, München (1971)

Pardee, A. B., F. Jacob and J. Monod: The genetic control and cytoplasmic expression of inducibility in the synthesis of β-galactosidase of E. coli. J. Biol. Mol. 1, 165–177 (1959)

Nachweis der Zitate

1, 2	Schrödinger (1944) S. 12 u. 36
3	Delbrück (1969) S. 82
4	Garrod (1909) S. 4
5	Watson (1971) Einbandtext
6, 7	Judson (1980) S. 52 u. 68
8–10	Fischer (1988) S. 83, 83, 95
11	Delbrück (1969) S. 84
12	Fischer (1988) S. 17
13, 14	Cairns et al. (1972) S. 64 u. 72
15, 16	Fischer (1988) S. 118 u. 110
17	Judson (1980) S. 46
18	Fischer (1988) S. 137
19	Stent u. Calendar (1978) S. 46
20	Fischer (1988) S. 119
21–23	Cairns et al. (1972) S. 174, 173, 175
24	Lederberg (1979) S. 4
25	Lederberg (1987) S. 24
26	Cairns et al. (1972) S. 34
27	Jacob (1966) S. 713
28	Casperson (1969) S. 32
29–31	Fischer (1988) S. 152–153
32	Delbrück (1972) S. 36
33	Fischer (1988) S. 153
34, 35	Geissler (1972) S. 21
36	Judson (1980) S. 32
37	Geissler (1972) S. 22
38–40	Fischer (1988) S. 123–125
41	Judson (1980) S. 39
42	Fischer (1988) S. 87
43, 44	Judson (1980) S. 39–41
45, 46	Cairns et al. (1972) S. 178, 179
47	Judson (1980) S. 154
48, 49	Fischer (1988) S. 166
50, 51	Judson (1980) S. 324
52–60	Judson (1980) S. 296–319
61	Birge (1984) S. IX

Birge, E. A.: Bakterien- und Phagengenetik. Springer Verlag, Berlin, Heidelberg, New York, Tokyo (1984)

Cairns, J., G. S. Stent und J. D. Watson: Phagen und die Entwicklung der Molekularbiologie. Akademie Verlag, Berlin (1972)

Caspersson T.: The nobel prize for physiology or medicine 1958. in: Les Prix Nobel En 1958. Imprimerie Royale, P. A. Norstedt & Söner (1959)

Delbrück, M.: in: Les Prix Nobel En 1969. Imprimerie Royale, P. A. Norstedt & Söner (1969)

Delbrück, M.: Homo Scientificus According to Beckett. in: W. Beranek (ed.), Science, Scientists and Society. Bodgen and Quigley, New York (1972)

Fischer, E. P.: Das Atom der Biologen – Max Delbrück und der Ursprung der Molekulargenetik. R. Piper GmbH & Co. KG, München (1988)

Garrod, A. E.: Inborn Errors of Metabolism, London (1909). Reprintausgabe durch H. Harris, London (1963)

Geissler, E. (Hrsg.): Desoxyribonucleinsäure – Schlüssel des Lebens. Akademie Verlag, Berlin (1972)

Jacob, F.: Genetik der Bakterienzelle. Angew. Chemie 78, 704 bis 713 (1966)

Judson, H.: Der 8. Tag der Schöpfung – Sternstunden der neuen Biologie. Meyster Verlag GmbH, Wien und München (1980)

Lederberg, J.: Edward Lawrie Tatum (1909–1975). Ann. Rev. Genet. 13, 1–5 (1979)

Lederberg, J.: Genetic recombination in bacteria: a discovery account. Ann. Rev. Genet. 21, 23–46 (1987)

Schrödinger, E.: What is Life?, Cambridge Univ. Press, London (1944)

Stent, G. S. und R. Calendar: Molecular Genetics, An Introductory Narrative. W. H. Freeman and Comp., San Francisco (1978)

Watson, J. D.: Die Doppel-Helix. Rowohlt Verlag, Reinbeck (1971)